移动互联网开发技术丛书

Spring Boot+Vue 3 项目开发

曹宇 章飞 张立为 编著

清華大学出版社
北京

内容简介

本书以项目案例为引导，深入浅出地讲解使用 Spring Boot 和 Vue 3 进行前后端分离开发的全过程，旨在帮助读者快速掌握并实践现代 Web 开发技术。全书共 9 章，涉及 Spring Boot 与 Vue 3 全栈开发概述、Spring Boot 与 Vue 3 项目开发环境搭建、“甜点管理系统”实践项目概述、初始项目开发环境、实践项目整体布局、分类管理模块实现、甜点管理模块实现、安全访问功能实现、项目打包与部署等内容，全面系统地介绍了使用 Spring Boot 构建后端服务以及 Vue 3 构建前端界面的技术细节与实践经验。

本书适合从事 Web 开发，希望掌握 Spring Boot 与 Vue 3 前后端分离技术的开发人员，以及高校教师、高等学校计算机相关专业的学生和相关领域的广大科研人员。

图书在版编目（CIP）数据

Spring Boot＋Vue 3 项目开发 / 曹宇，章飞，张立为编著. -- 北京：清华大学出版社，2025. 4. --（移动互联网开发技术丛书）. -- ISBN 978-7-302-68943-0

Ⅰ. TP312. 8；TP393. 092. 2

中国国家版本馆 CIP 数据核字第 2025R2F999 号

责任编辑：陈景辉
封面设计：刘　键
责任校对：韩天竹
责任印制：宋　林

出版发行：清华大学出版社
　　网　　址：https://www.tup.com.cn，https://www.wqxuetang.com
　　地　　址：北京清华大学学研大厦 A 座　　**邮　　编：**100084
　　社 总 机：010-83470000　　**邮　　购：**010-62786544
　　投稿与读者服务：010-62776969，c-service@tup.tsinghua.edu.cn
　　质量反馈：010-62772015，zhiliang@tup.tsinghua.edu.cn
　　课件下载：https://www.tup.com.cn，010-83470236
印 装 者：大厂回族自治县彩虹印刷有限公司
经　　销：全国新华书店
开　　本：185mm×260mm　　**印　张：**12.5　　**字　　数：**309 千字
版　　次：2025 年 5 月第 1 版　　**印　　次：**2025 年 5 月第1 次印刷
印　　数：1～1500
定　　价：49.90 元

产品编号：107598-01

前言

PREFACE

随着数字化时代的到来，Web开发技术日新月异，其中前后端分离架构已成为构建高效、可扩展Web应用的主流趋势。本书紧跟技术前沿，旨在为开发者提供一本系统、实用的学习参考用书，助力其掌握这一前沿技术栈。

Spring Boot以其"约定优于配置"的理念简化了后端开发流程，而Vue 3以其强大的响应式系统和组合式API推动了前端技术的发展。两者结合，不仅提升了开发效率，还促进了前后端的紧密协作与解耦，为现代Web应用的快速发展提供了强大动力。本书旨在通过构建一个"甜点管理系统"，引导读者从零开始，逐步掌握前后端分离开发的全流程。

未来，随着技术的不断进步，前后端分离架构的应用将更加广泛。通过本书的学习，读者将能够紧跟技术潮流，掌握前后端分离开发的精髓，为自己的职业发展铺就一条坚实的道路。同时，也期望本书能够为推动Web开发技术的进步贡献一份力量。

本书主要内容

本书可视为一本以项目实践为导向的书籍，适合想要学习如何使用Spring Boot和Vue 3进行前后端分离开发的读者。通过本书的学习，读者将能够紧跟技术潮流，掌握前后端分离开发的精髓。

全书共分为9章，涵盖了Spring Boot与Vue 3全栈开发概述、Spring Boot与Vue 3项目开发环境搭建、"甜点管理系统"实践项目概述、初始项目开发环境、实践项目整体布局、分类管理模块实现、甜点管理模块实现、安全访问功能实现及项目打包与部署等内容。

第1章 Spring Boot与Vue 3全栈开发概述，聚焦MVC和MVVM开发模式、Spring Boot框架、Vue 3框架等全栈开发概念。

第2章 Spring Boot与Vue 3项目开发环境搭建，描述了本书全栈开发所需软件的安装流程，并就一些软件的配置细节进行了阐述。

第3章"甜点管理系统"实践项目概述，包括登录、退出、分类管理、甜点管理等功能模块，引导读者了解整个项目的开发需求。

第 4 章初始项目开发环境，主要内容包括数据库设计、前端 Vue 3 项目创建、后端 Spring Boot 项目构建以及资源部署等关键环节。

第 5 章实践项目整体布局，详细阐述了“甜点管理系统”实践项目的整体布局设计与实现过程。重点聚焦于使用 Element Plus 组件库，实现前端界面的构建与优化。

第 6 章分类管理模块实现，深入解析了分类信息的新增、列表、编辑、删除功能的实现细节。其中列表功能集成了分页查询机制，控制器父类提供 Web 层通用数据处理方法。

第 7 章甜点管理模块实现，专注于甜点信息的新增、列表、编辑、删除功能。其中列表功能集成了相对复杂的分页查询机制，并包含了图片资源上传显示等功能。

第 8 章安全访问功能实现，详尽阐述了登录与 Token 生成机制，以及基于 Token 的安全访问控制。此外，还进一步优化了登录框架。

第 9 章项目打包与部署，涵盖了运行环境的搭建、数据库的导入、前端与后端项目的部署，以及完成部署后的前后端协同测试。

本书特色

（1）前沿技术，深度剖析。紧跟技术浪潮，详细讲解 Spring Boot 与 Vue 3 的技术实践环节，为关键步骤配以清晰注释与图示，降低读者的学习门槛，便于读者站在新技术前沿，掌握未来趋势。

（2）项目引领，实践进阶。本书以解决实际问题为导向，采用项目驱动教学法，辅以详尽代码示例与实践练习，层层递进解析 Spring Boot 与 Vue 3 前后端分离技术精髓，助力读者稳步掌握核心技能。

（3）全栈视角，前后端贯通。采用前后端分离架构，全面覆盖 Spring Boot 与 Vue 3 开发的全链条，构建坚实的技术栈基础。

（4）安全为先，稳固防线。特别关注项目安全，详述 Token 验证等安全机制实现，为项目保驾护航，确保应用稳定运行。

配套资源

为便于教与学，本书配有微课视频、源代码、案例素材、教学课件、教学大纲、教案、安装程序、教学进度表、期末考核及评分标准。

（1）获取微课视频方式：先刮开并用手机版微信 App 扫描本书封底的文泉云盘防盗码，授权后再扫描书中相应的视频二维码，观看教学视频。

（2）获取源代码、案例素材和安装程序等方式：先刮开并用手机版微信 App 扫描本书封底的文泉云盘防盗码，授权后再扫描下方二维码，即可获取。

（3）其他配套资源可以扫描本书封底的“书圈”二维码，关注后回复本书书号，即可下载。

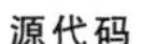

源代码

案例教材

安装程序

全书网址

读者对象

本书主要面向广大从事Web开发、后端开发、前端开发、全栈开发及软件工程的专业人员，从事高等教育的教师、高等学校的在读学生及相关领域的广大科研人员。

致谢

本书由上海城建职业学院曹宇、章飞、张立为编写。在编写本书的过程中，作者参考了诸多相关资料，在此向相关资料的作者表示衷心的感谢。限于个人水平和时间仓促，书中难免存在疏漏之处，欢迎广大读者批评指正。

作　者

2025年1月

目录

CONTENTS

第 1 章

Spring Boot与Vue 3全栈开发概述

全栈开发是一种综合性的开发方法，全面覆盖软件开发的各个阶段，从前端界面的设计与实现，延伸至后端服务器的构建与运维，同时涵盖数据库管理及网络安全保障等多个维度。然而，本书聚焦于前后端分离的全栈开发模式，其核心在于实现前后端代码的解耦，以此提升开发效率和可维护性。在代码架构层面，本书倾向于采用模型-视图-视图模型（Model-View-ViewModel，MVVM）或模型-视图-控制器（Model-View-Controller，MVC）设计模式。

在后端技术选型上，Spring Boot 因其快速构建、简单易用以及庞大的生态系统而备受欢迎。它通过强大的自动配置功能，极大地简化了开发流程，使得开发者能够更专注于业务逻辑的实现。

在前端开发领域，Vue.js 作为主流 JavaScript 框架，以组件化架构、双向数据绑定及虚拟 DOM 技术著称，显著提升页面性能。Vue.js 第三版（Vue 3）更是通过关键技术革新、深度优化及功能增强，进一步强化了易用性与功能性，在国内前端开发者中赢得广泛赞誉。

1.1 MVC 模式和 MVVM 模式

在整体架构层面，采用 Spring Boot 与 Vue 3 联合开发的项目，其核心架构遵循 MVC 设计模式，以实现后端逻辑的清晰组织与高效管理。而针对 Vue 3 前端项目的开发，则主要基于 MVVM 设计模式，通过这一模式，Vue 3 能够更高效地管理用户界面状态，促进数据与视图的双向绑定，从而提升前端应用的性能与用户体验。

1.1.1 MVC 模式

在软件开发实践中，根据功能的不同，将代码逻辑进行清晰的划分与归类。具体而言，为了提升用户体验与界面响应速度，将负责前端显示与用户交互的代码组织在视图（View）模块中；而前后端之间的数据交换与请求处理逻辑则置于控制器（Controller）模块中；至于核心的业务逻辑实现，则完全交由模型（Model）模块来处理。这种将应用程序划分为视图、控制器和模型三个核心部分的代码组织方式，被称为 MVC 模式，如图 1-1 所示。

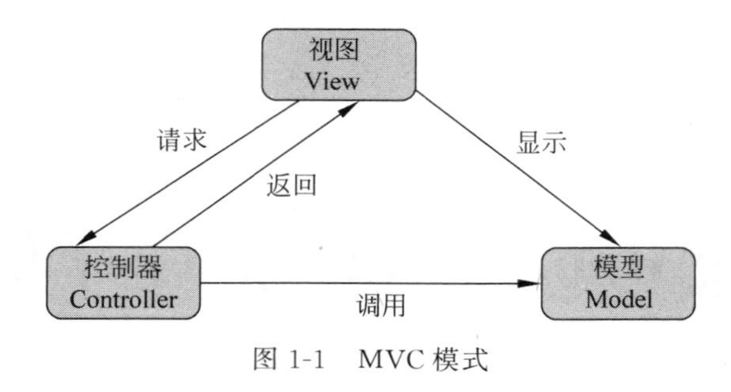

图 1-1 MVC 模式

1. 视图

视图即前端界面，负责显示用户界面并处理用户交互。它捕获用户输入与处理交互事件，如单击、输入等，并将处理数据传递给控制器处理；同时，接收模型提供的数据，将其渲染为用户可理解的视觉界面形式。

2. 控制器

控制器作为视图与模型之间的中介，负责协调两者的交互。其作为前后端桥梁，负责接收视图请求，解析后调用模型业务逻辑处理，并将处理结果返回给视图。此外，它还控制视图的导航与页面跳转。

3. 模型

模型是应用的业务逻辑与数据处理的核心。对数据进行存储、检索与更新操作，提供数据访问接口给视图和控制层使用。同时，实现业务规则与验证逻辑，以确保数据的完整性与业务逻辑的正确性等。

MVC 模式通过清晰的层次划分，构建了结构化的应用程序，不仅加速了开发流程，也为日后的功能扩展与维护奠定了坚实基础。在 Spring Boot 与 Vue 3 的项目开发中，这一模式同样得到广泛应用。Vue 3 前端框架负责视图开发，Spring Boot 通过控制器类处理请求，并结合 MyBatis 与 MySQL 等技术实现模型的业务逻辑与数据处理。

1.1.2 MVVM 模式

为了有效应对前端开发日益增长的复杂性，提升开发效率与代码的可维护性，并充分满足现代 Web 应用的高标准要求，业界引入了 MVVM 模式。

在 MVVM 模式中，模型(Model)依然扮演着数据模型的角色，负责存储应用程序的状态与业务逻辑处理所需的数据。视图(View)则继续作为用户界面层，负责显示数据并响应用户操作。而视图模型(ViewModel)作为连接模型与视图的桥梁，其核心作用在于抽象出视图的状态和行为，使得模型的变化能够自动反映到视图上，同时视图的用户输入也能高效地更新模型状态，这一过程实现了数据双向绑定。如图 1-2 所示的 MVVM 模式示意图，直观地揭示了数据如何在模型、视图模型与视图之间流动。

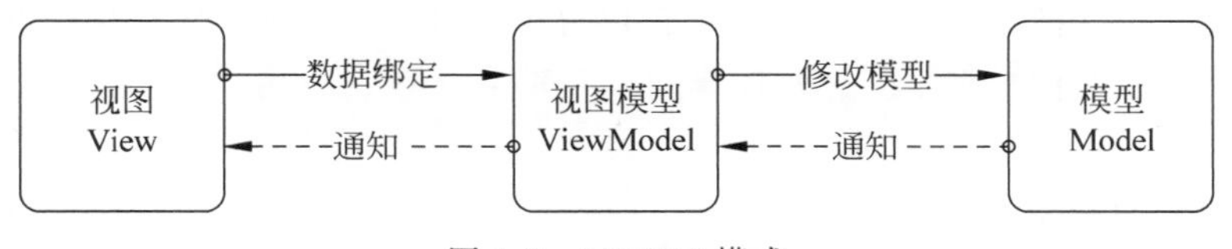

图 1-2 MVVM 模式

在 Vue 3 前端应用框架中，MVVM 模式得到了极致的体现。Vue 3 通过其响应式系统，使得数据模型（Model）的任何变化都能自动触发视图（View）的更新，无须开发者手动操作文档对象模型（Document Object Model，DOM），来控制网页的内容、结构和样式，从而极大地简化了前端开发的复杂度并提升了开发效率。视图模型（ViewModel）在 Vue 3 中通常通过 Vue 实例来体现，它不仅包含了应用的数据，还定义了数据的操作逻辑（如计算属性、侦听器、方法等），并通过模板语法与视图紧密相连，实现了数据的双向绑定。

参照图 1-2 所示，当用户在视图进行交互时（如填写表单），视图模型会自动捕获这些变化，并更新到模型中，随后模型的更新又会通过视图模型自动反映到视图上，完成了一次完整的数据流动循环。这一过程完全由 Vue 3 框架内部机制管理，开发者只需关注业务逻辑的实现，无须深入底层 DOM 操作，从而提升了开发效率与应用的可维护性。

1.2 前端框架 Vue 和后端框架 Spring Boot

Vue 3 作为前端框架的杰出代表，采用 MVVM 模式，通过设计 template 模板、script 脚本逻辑以及 style 样式三大部分，构建出高度模块化和可复用的 Vue 组件体系。这一架构不仅促进了动态页面的高效渲染，还极大地简化了用户交互逻辑的实现。与此相对，在后端 Java 项目开发中，Spring Boot 框架因其基于 MVC 模式并深度融合了控制反转（Inversion of Control，IoC）和面向切面编程（Aspect Oriented Programming，AOP）等先进特性，成为广受欢迎的后端项目开发选择。Spring Boot 通过自动化配置和简化依赖管理，极大地加速了后端开发流程，提升了开发效率与项目的可维护性。

1.2.1 前端框架 Vue 3

在国内，前端项目普遍倾向于运用 Vue 3 框架，该框架根植于 MVVM 设计模式，以实现高效且结构化的开发流程。

在 Vue 3 项目中，最为核心与关键的是设计并构建 Vue 组件，这些组件作为构成整个应用的基础单元，通常由以下三个不可或缺的部分组成。

（1）定义静态页面与动态数据的 template。

template 是 Vue 组件的 HTML 结构蓝图，它定义了组件的静态页面布局，并提供了数据绑定的机制，使得开发者可以将动态数据填充到页面中，实现页面的动态渲染。

（2）编写交互逻辑的 script。

script 是 Vue 组件的行为定义区域，它包含了组件的 JavaScript 逻辑，用于组织各种用户交互动作，如事件监听、数据处理等，确保组件能够响应用户的操作并作出相应的反馈。

（3）定义组件样式的 style。

style 负责定义组件的样式效果，它包含了 CSS 样式规则，用于美化组件的外观，提升用户体验。开发者可以在这里编写或引入 CSS 样式，确保组件的样式与整体设计保持一致。

以下是一个 Vue 组件代码示例，该组件包含 template、script 和 style 三部分。

```
1. <template>
2.   <div class = "demo">
3.    <h1>{{ msg }}</h1>
4.    <button @click = "increment"> Count is: {{ count }}</button>
5.   </div>
6. </template>
7.
8. <script setup>
9. import { ref } from 'vue'
10.
11. const count = ref(0)
12. const msg = 'Hello Vue 3'
13.
14. function increment() {
15.   count.value++
16. }
17. </script>
18.
19. <style>
20. .demo {
21.   background-color: #eee;
22.   padding: 15px;
23. }
24. </style>
```

对上述代码具体说明如下。

第 1～6 行，为组件模板部分，用于显示视图结构。其中，第 3 行采用 Vue 的双花括号“{{ }}”插值语法来动态绑定并显示 msg 常量的值，该 msg 常量声明位于脚本部分的第 12 行；第 4 行则定义了一个按钮，其上绑定了 increment()函数作为单击事件处理器。单击该按钮时，将触发第 14～16 行定义的 increment()函数执行，该函数负责将响应式变量 count（在第 11 行通过 ref()函数创建并初始化为 0）的值增加 1。同时，按钮内部利用{{count}}语法直接显示了 count 变量的当前值，实现了界面的实时更新。

第 8～17 行，为组件脚本部分，用于处理响应式数据和逻辑。其中，第 9 行从 Vue 库中引入了 ref()函数，该函数用于创建响应式的引用对象；第 11 行通过 ref()函数创建了一个名为 count 的响应式变量，可以直接在模板中被访问和显示。第 12 行定义了一个名为 msg 的常量，msg 常量同样在模板中被直接使用。第 14～16 行定义了 increment()函数，该函数的职责是更新 count 变量的值，由于 count 是响应式的，因此任何对它的修改都会自动触发视图（模板部分）的更新，从而实现数据与视图的双向绑定效果。

第 19～24 行，为组件样式部分，用于对组件内的各个元素进行样式定义。此处仅对类别为 demo 的 div 元素进行背景和内间距设置。

此外，Vue 3 前端项目通过引入各种常见组件库，可以极大地提升项目开发的效率。这些组件库提供了丰富的预定义组件，覆盖了前端开发的多个方面。常见组件库如下。

（1）Vue Router 组件。

Vue Router，作为 Vue 3 的官方路由管理器组件，用于实现前端路由效果。它允许开发者构建单页面应用（Single Page Application，SPA），通过编程方式控制页面组件的渲染，实现页面的无缝切换。Vue Router 不仅支持路由的匹配与导航，还能自动处理地址栏的动态更新，确保 URL 与当前页面状态保持一致。这一特性使得 Vue 3 应用能够提供更加流畅和自然的用户体验，同时优化了页面加载速度和性能。

（2）Element Plus 组件库。

Element Plus，作为一套专为 Web 应用设计的 UI 组件库，为开发者提供了丰富多样的前端组件，包括按钮、输入框、表格等。这些精心设计的组件不仅功能全面，而且样式美观，极大地简化了 Vue 3 前端应用的编写过程。通过使用 Element Plus，开发者可以迅速搭建出高质量的用户界面，避免了大量的重复性工作，从而显著提升了开发效率。

（3）Axios 组件库。

Axios（Asynchronous Javascript and XML，异步 JavaScript 和 XML），作为 HTTP 客户端组件，极大地简化了前后端之间的数据交互过程。它内置了对 Promise API 的支持，这一特性使得 Axios 能够优雅地处理复杂的异步 HTTP 请求和响应。Vue 3 开发者可以依赖 Axios 来发起 GET、POST、PUT、DELETE 等 HTTP 请求，并通过 Promise 的链式调用或 async/await 语法来管理这些异步操作，从而构建出响应迅速且用户体验流畅的应用。

（4）Vuex 状态管理组件库。

Vuex 用于管理 Vue 3 应用中的状态，提供了一种集中存储所有组件共享状态的方式，并通过相应的规则保证状态以一种可预测的方式发生变化，使得状态管理变得更加简单和可维护。

1.2.2　后端框架 Spring Boot

在开发 Java 后端项目时，Java 技术栈常采用 Spring Boot 框架作为核心，以高效地构建企业级应用。Spring Boot 后端项目构架如图 1-3 所示，图中清晰显示了各层之间的交互关系。

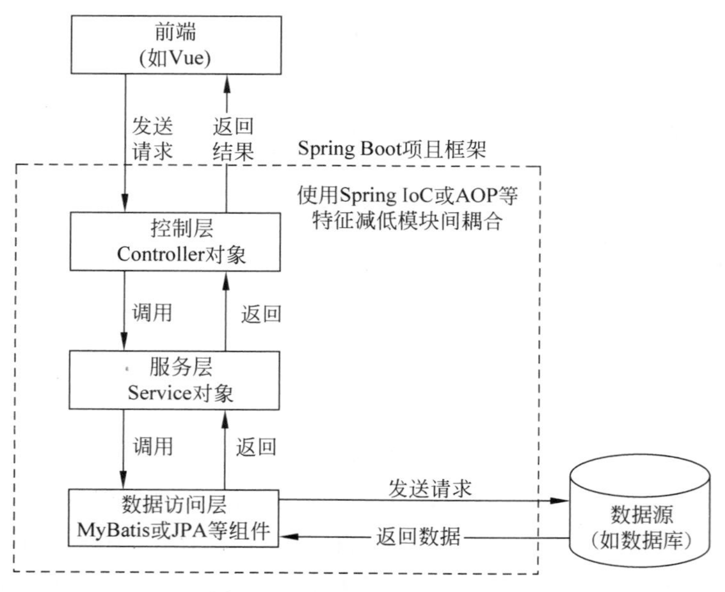

图 1-3 Spring Boot 项目构架

Spring Boot 框架包含了 IoC 和 AOP 等特性，封装了很多 Web 交互的细节。为此，仅仅需要在控制器层、服务层和数据访问层编写相应代码，就可实现 URL 请求、业务逻辑及数据处理等功能。其中各层的作用描述如下所述。

(1) 在控制器层，一般以@RequestMapping 注解，指定控制器类里的方法可以处理哪些格式的 URL 请求。在控制器层类，一般通过调用业务逻辑层里的方法处理请求。

(2) 在服务层，一般会封装业务层面的方法，往往一个业务动作包含多个服务方法，如"用户购买商品"的业务动作里，可以封装"增加订单""风险控制"和"扣除用户余额"等服务动作。

(3) 在数据访问层，一般会封装针对数据库的操作动作，如采用 Mybatis 或 JPA 等组件与数据库交互。

采用分层架构，开发者能将不同职责的代码归类至相应模块，有效依托 Spring 的 IoC 与 AOP 机制，进一步解耦模块与类间依赖，显著提升项目的可维护性。

以下代码显示了一个 Spring Boot 框架应用的典型分层架构示例，该架构明确划分了控制器层、服务层以及数据访问层等组成部分。

(1) 控制器层类 ProductController。

```
1. package com.example.demo.controller;
2. import com.example.demo.model.Product;                    //实体类
3. import com.example.demo.service.ProductService;           //服务类
4. import org.springframework.beans.factory.annotation.Autowired;
5. import org.springframework.web.bind.annotation.*;
6. @RestController
7. public class ProductController{
```

```
8.   @Autowired
9.   ProductService productService;
10.   @GetMapping("/product")
11.   public List<Product> list() {
12.     List<Product> list = productService.list();
13.     return list;
14.   }
15. }
```

代码的第10～14行，由于在list()方法上标注了@GetMapping("/product")注解，当使用GET方式访问“/product”路径时，请求将被路由至该控制类中的list()方法进行处理。而此list()方法的实际业务逻辑则委托给服务层对象productService的list()方法执行，productService对象则通过第8行的@Autowired注解实现了属性注入。

(2) 服务层类ProductService。

```
1. package com.example.demo.service;
2. import com.example.demo.model.Product;                //实体类
3. import com.example.demo.repository.ProductMapper;  //Mapper类
4. import org.springframework.beans.factory.annotation.Autowired;
5. import org.springframework.stereotype.Service;
6. @Service
7. public class ProductService {
8.   @Autowired
9.   private ProductMapper productMapper;
10.   public List<Product> list() {
11.     return productMapper.list();
12.   }
13. }
```

第10～12行代码，实现了一个查询方法list()，该方法通过委托给数据访问层中的ProductMapper接口的list()方法，来执行具体的查询逻辑。

(3) 数据访问层ProductMapper接口。

```
1. package com.example.demo.mapper;
2. import com.example.demo.domain.Product;
3. import org.apache.ibatis.annotations.*;
4. import java.util.List;
5. @Mapper
6. public interface ProductMapper {
7.   @Select("<script> select id,name,descp from product ></script>")
8.   List<Product> list();
9. }
```

第7～8行代码，当调用list()方法时，将执行第7行的Select语句，该语句用于从product数据表中精确抽取数据。

1.3 练习

一、单选题

1. 在前后端分离的应用开发中，Spring Boot 实现 HTTP 请求到后端业务逻辑映射的主要机制是(　　)。

A. XML 配置文件中的 Bean 定义与 URL 模式映射

B. 使用 Spring MVC 的注解(如@RequestMapping)在 Controller 层直接声明路由规则

C. 继承 Spring 的 DispatcherServlet 并重写其 service()方法

D. 通过实现 HandlerMapping 接口自定义请求映射策略

2. 在 MVVC 模式中，负责存储应用程序状态与业务逻辑处理所需数据的是(　　)。

A. View(视图)　　B. Controller(控制器)

C. Model(模型)　　D. ViewModel(视图模型)

3. Vue 3 框架在前后端分离的应用中，可通过(　　)组件管理前端的路由。

A. Vue Router　　B. ElementPlus　　C. Axios　　D. Vuex

二、判断题

1. Vue 3 前端框架采用了 MVVM 模式来管理应用程序的数据模型和视图界面的交互。

2. Spring Boot 默认集成了 Spring MVC，这使得开发基于 MVC 模式的 Web 应用变得非常直接和方便。

3. 在 Vue 3 项目中，Vue 组件通常由 template、script 和 style 三部分构成。

三、填空题

1. ________作为 Vue 生态中广泛使用的 HTTP 客户端，可以很容易地在 Vue 3 项目中集成以处理 GET、POST、PUT、DELETE 等 HTTP 请求。

2. Spring Boot 后端项目中，主要编写________层、________层和________层的代码，就可实现数据请求和各种功能。

四、简答题

1. 请简述前后端分离开发的优势。

2. 请简述 Vue 组件化的优点，并举例说明。

第2章

Spring Boot与Vue 3项目开发环境搭建

工欲善其事，必先利其器。在进行项目开发之前，确保拥有一个稳定且高效的开发环境至关重要。本章将介绍如何安装和配置开发环境，以便进行基于 Spring Boot 与 Vue 3 的前后端分离项目的开发。

2.1 搭建前端开发和运行环境

为了搭建 Vue 3 前端项目的开发和运行环境，建议安装 Chrome、Node. js 以及 VSCode。

Chrome 浏览器内置的开发者工具作为前端应用的功能调试利器；Node. js 平台为 Vue 3 项目开发流程提供工具链支持和包管理系统；VSCode 则作为开发 Vue 3 前端项目的集成开发环境(Integrated Development Environment，IDE)工具。

2.1.1 安装 Chrome 浏览器

在 Web 项目开发中，浏览器是不可或缺的。在 Vue 3 项目开发过程中，通常会利用浏览器的开发者工具进行前端功能调试。Chrome 是一款功能强大、安全可靠的浏览器，并可为用户提供多样化的扩展和功能选项。本书建议安装 Chrome 浏览器。Chrome 浏览器安装过程如下所示。

在 Chrome 中文官网，下载 Chrome 浏览器(下载网址详见前言二维码)，如图 2-1 所示。

下载完成后，双击下载的 ChromeSetup. exe 文件，进行安装即可。

2.1.2 安装 Node. js 平台

Node. js 是 JavaScript 运行环境，提供了丰富的 API 以支持高效的 JavaScript 应用开发。Vue 3 这一 JavaScript 框架，在其前端项目的开发流程中，高度依赖 Node. js 提供的全面工具链及包管理系统，以实现高效开发与项目管理。因此需要先安装 Node. js 平台环境，具体安装过程如下所示。

图 2-1 下载 Chrome 浏览器

在 Node.js 官网下载页获取和操作系统（如 Windows 10）匹配的 LTS 版（Long Term Support，长期支持版）Node.js 安装包，如图 2-2 所示。

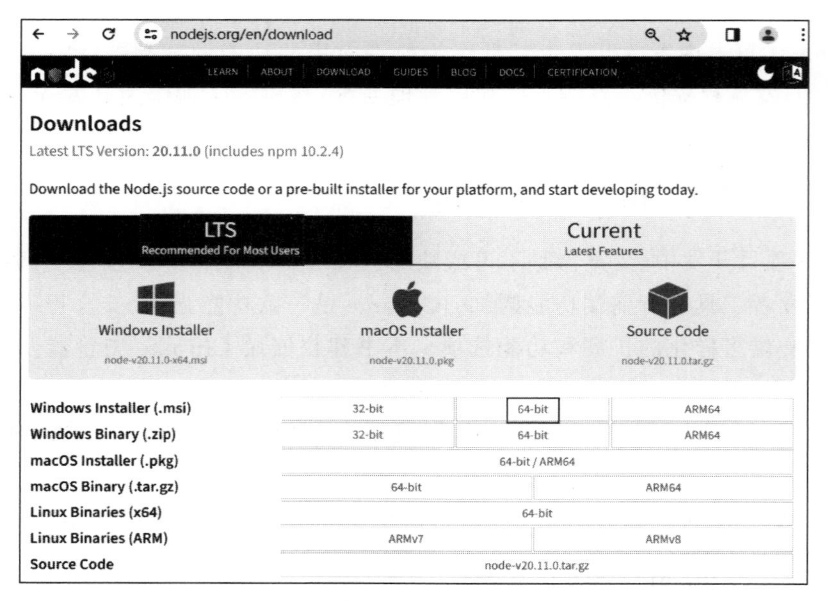

图 2-2 下载合适的 Node.js 安装包

下载完成后，双击下载的 MSI 文件，进入 Node.js 安装界面，单击 Next 按钮，选择接受协议，连续单击 Next 按钮，再单击 Install 按钮，最后单击 Finish 按钮，完成 Node.js 主体安装，如图 2-3 所示。

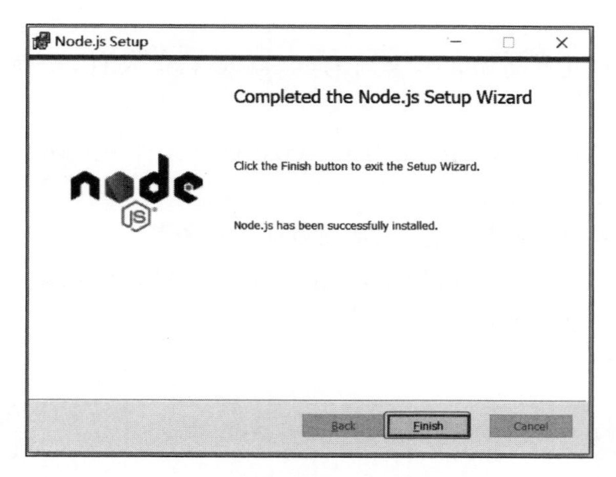

图 2-3　完成 Node. js 主体安装

安装完成后，在 Node. js 安装目录（如 C:\Program Files\nodejs）中可观察到 Node. js 的启动程序 node. exe，如图 2-4 所示。

› 本地磁盘 (C:) › Program Files › nodejs ›

名称	修改日期	类型
node_modules	2024/1/27 12:14	文件夹
corepack	2023/6/26 18:56	文件
corepack.cmd	2023/6/26 18:56	Windows 命令脚本
install_tools.bat	2023/6/26 18:57	Windows 批处理
node.exe	2024/1/9 9:15	应用程序
nodevars.bat	2023/6/26 18:57	Windows 批处理
npm	2023/7/19 6:00	文件
npm.cmd	2023/6/26 18:56	Windows 命令脚本
npx	2023/7/19 6:00	文件
npx.cmd	2023/6/26 18:56	Windows 命令脚本

图 2-4　Node. js 安装目录

Node. js 自带了 npm（Node Package Manager）这一强大的包管理工具，允许开发者通过命令行高效地管理前端项目中的依赖包，包括下载、安装、更新、删除，以及引入所需的组件和模块。

2.1.3　npm 常用命令

npm 是包管理工具。这里的“包”，指的是具有特定功能的组件或模块。针对 Vue 3 前端项目开发，“包”指的是前端组件，如 Vue Router、Axios、Element Plus 等。在项目实践过程中，常用的 npm 命令列举如下。

（1）npm install：安装 package. json 文件中列出的所有依赖包。

（2）npm install <package-name>：安装指定的包作为项目的依赖，如 npm install axios，安装 Axios 包。

（3）npm update <package-name>：更新指定的包到最新版本。如果未指定包名，则会尝试更新所有包。

(4) npm init：创建并初始化一个新的 package.json 文件，帮助管理项目依赖和元数据。

(5) npm run <script-name>：运行 package.json 文件中 script 部分定义的脚本，如 npm run dev，用于启动前端项目。

(6) npm list：列出已安装的包，包括项目的依赖关系。

在使用 npm install 安装包过程中，可能会遇到网络传输问题，此时可用如下 npm config set registry 命令切换 npm 镜像源加速下载。

① 切换至淘宝镜像源：

```
npm config set registry https://registry.npmmirror.com
```

② 切换至阿里云镜像源：

```
npm config set registry https://npm.aliyun.com
```

③ 切换至腾讯云镜像源：

```
npm config set registry http://mirrors.cloud.tencent.com/npm/
```

④ 切换至华为云镜像源：

```
npm config set registry https://mirrors.huaweicloud.com/repository/npm/
```

⑤ 切换至 npm 官方原始镜像：

```
npm config set registry https://registry.npmjs.org/
```

2.1.4 创建 Vue 3 前端项目

安装好 Node.js 及其 npm 包管理工具后，可通过 Vue CLI 或 Vite 等前端项目构建工具创建 Vue 3 项目。相较于传统的 Webpack 构建工具，Vite 以其无须打包操作、实现即时(Just In Time，JIT)编译、提供极快的模块热替换(Hot Module Replacement，HMR)能力、简洁的 API 以及高效的开发体验，成为构建 Vue 3 项目的优选工具。使用 Vite 工具构建 Vue 3 前端项目过程如下所述。

1. 创建 Vue 3 项目

打开命令窗口，使用 npm create 命令，指示 Vite 工具创建 Vue 3 项目 prj-frontend，执行命令如下：

```
npm create vite prj-frontend --template vue
```

其中，vite 指示使用 Vite 工具构建项目，prj-frontend 为项目名，--template vue 则指示使用 Vue 模板来创建前端项目。

随着 npm create vite 命令的执行，将启动相应的"Vue 3 项目脚手架"搭建向导。向导实施过程参考如下所述。

(1) 提示安装 create-vite 工具。出现如下提示：

```
Need to install the following packages:
 create-vite@5.1.0
Ok to proceed? (y) y
```

按 y 键后，再按 Enter 键确认安装 create-vite。

注意：create-vite 工具用于针对 Vanilla、Vue、React 等主流 Web 应用框架，快速生成对应框架的项目。

(2) 选择 Vue 作为项目开发的基础框架。出现如下提示：

```
? Select a framework: >> - Use arrow-keys. Return to submit.
  Vanilla
>   Vue
  React
  Preact
  Lit
  Svelte
  Others
```

按"向下"键，选择 Vue 作为本项目开发的 Web 应用框架，并按 Enter 键确认。

(3) 选择 JavaScript 作为项目开发语言。出现如下提示：

```
? Select a variant: >> - Use arrow-keys. Return to submit.
 > JavaScript
  TypeScript
  Customize with create-vue ↗
  Nuxt ↗
```

按"向下"键，选择 JavaScript 作为项目开发语言，并按 Enter 键确认。

最后的显示信息如下所示：

```
1. √ Select a framework: >> Vue
2. √ Select a variant: >> JavaScript
3.
4. Scaffolding project in C:\Users\cy\prj-frontend...
5.
6. Done. Now run:
7.
8.   cd prj-frontend
```

```
9.  npm install
10. npm run dev
```

其中代码的第 4、6 行，说明已经成功搭建 Vue 3 脚手架项目。

第 8～10 行，提示用 cd 命令进入项目目录，用 npm 命令完成对 package.json 文件中依赖包的安装，并用 npm run dev 命令启动 Vue 3 前端项目。

2. 安装项目依赖包

进入项目目录，切换 npm 安装包镜像源，安装项目依赖包。执行命令如下：

```
cd prj-frontend
npm config set registry https://registry.npmmirror.com
npm install
```

3. 启动项目并测试

启动项目，执行命令如下：

```
npm run dev
```

控制台若出现类似如下信息：

```
VITE v5.0.12  ready in 525 ms
→  Local:   http://localhost:5173/
→  Network: use --host to expose
→  press h + enter to show help
```

则表明，侦听 5173 端口号的 Vue 3 项目已成功启动。此时，可以在 Chrome 浏览器的 URL 地址栏中输入 http://localhost:5173 访问此 Vue 3 前端项目，如图 2-5 所示。

图 2-5 访问 Vue 3 前端项目

2.1.5 安装 VSCode

VSCode 是一款功能强大且轻量级的开源代码编辑器，对于 Vue 3 前端项目的开发提供了卓越的支持。

1. 安装 VSCode

访问 VSCode 官网，网站将自动识别使用者的操作系统(如 Windows)，随后推荐并引导用户下载与之兼容的软件版本。此处，单击 Download for Windows 按钮，下载 VSCode 的最新稳定版，如图 2-6 所示。

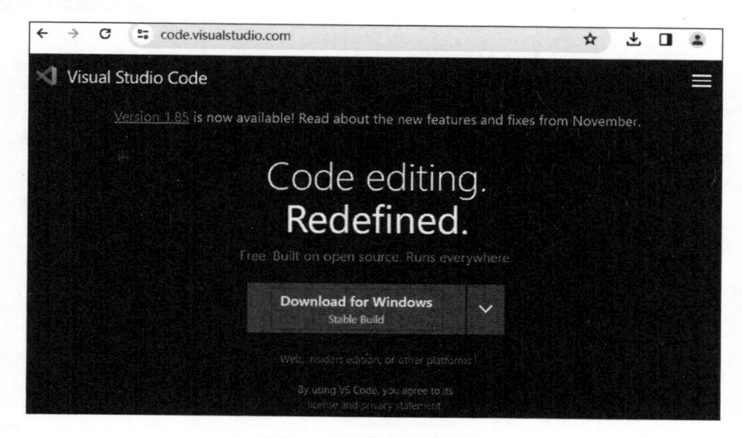

图 2-6 下载 VSCode

双击下载的 VSCode 安装文件(如 VSCodeUserSetup-x64-1.85.2.exe)以启动安装程序。在安装向导中，选择"我同意此协议"单选按钮，并连续单击"下一步"按钮。到达安装确认界面时，单击"安装"按钮开始正式安装 VSCode。待安装完成后，单击"完成"按钮结束 VSCode 安装，如图 2-7 所示。

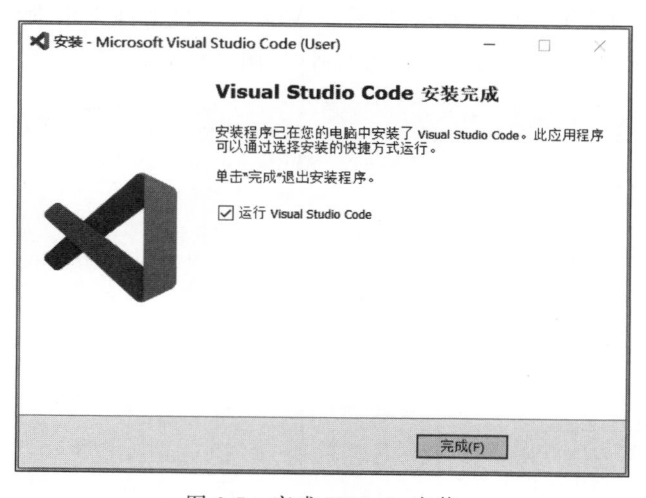

图 2-7 完成 VSCode 安装

2. 设置 VSCode 颜色主题

打开 VSCode 后，选择 File → Preferences → Settings 选项。在打开窗口中，选择 Workbench → Appearance 选项，下拉 Color Theme 选项，选择一个颜色主题，如图 2-8 所示，选择了 Light(Visual Studio)颜色主题。

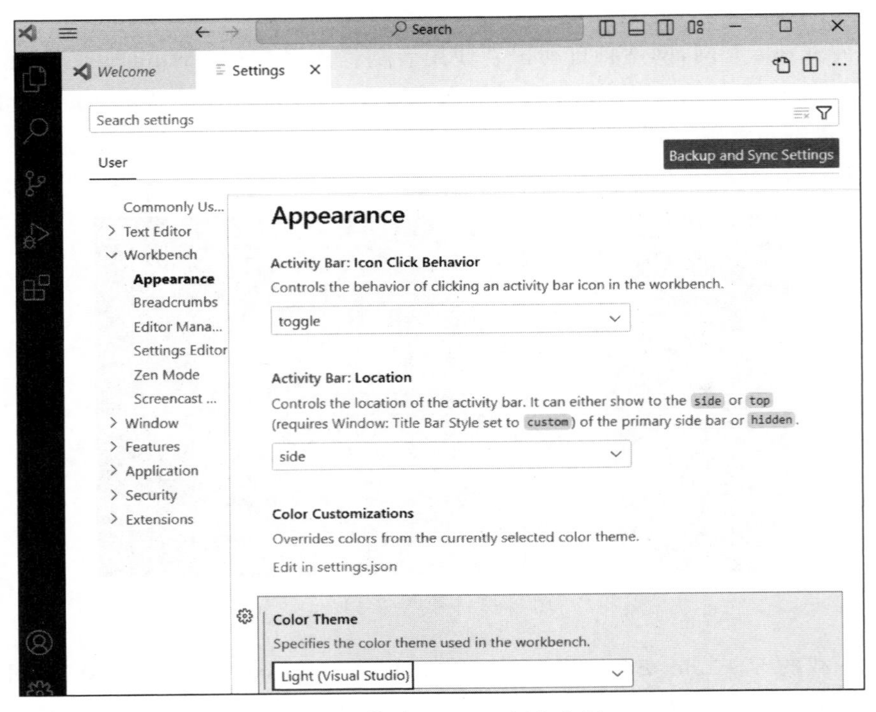

图 2-8 修改 VSCode 颜色主题

3. VSCode 中打开 Vue 3 项目

可为 VSCode 创建桌面快捷方式，然后将 Vue 3 项目文件夹拖动到 VSCode 桌面快捷方式上。VSCode 将自动启动并加载该项目，如图 2-9 所示。

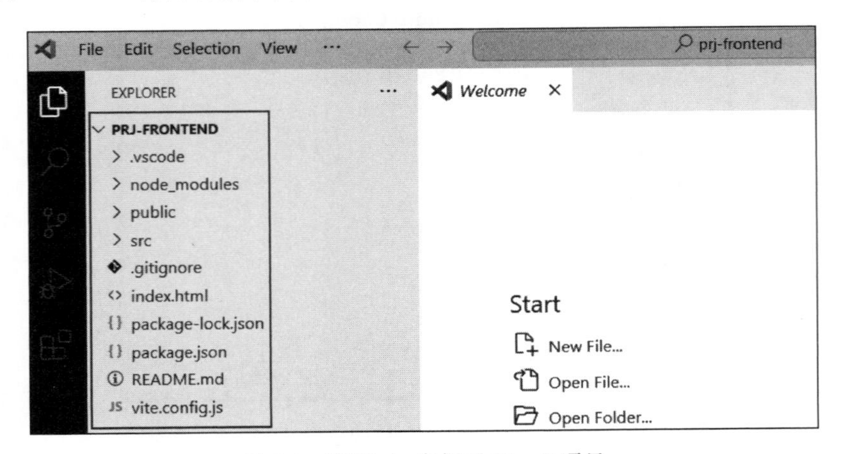

图 2-9 VSCode 中打开 Vue 3 项目

随后，就可以在 VSCode 的工作区内进行 Vue 3 前端项目的开发工作了。为了提升开发效率与体验，建议根据实际需求，在 VSCode 中安装并配置相关插件，以辅助编码、调试、格式化等开发任务。

4. 安装插件

（1）Volar 插件。

Volar 插件取代了原来支持 Vue2 的 Vetur 插件，专为 Vue 3 提供高亮、语法检测等功能。

单击 VSCode 左侧边栏的扩展（Extensions）图标，进入插件市场如图 2-10 所示。在搜索框中输入 Volar，查到 Vue Language Features 插件，随后，单击 Install 按钮，完成 Volar 插件的安装。

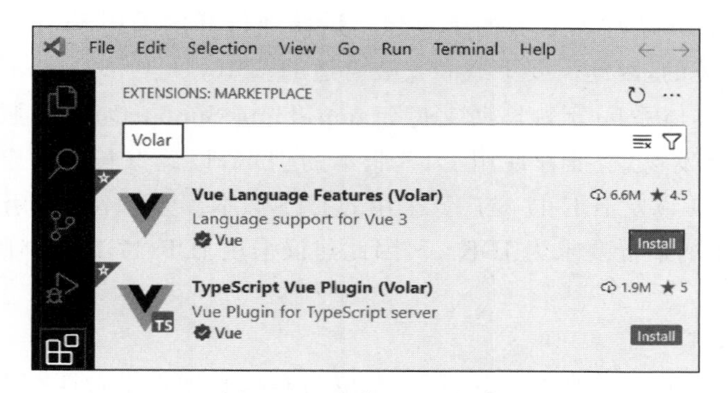

图 2-10　安装 Volar 插件

（2）Vue VSCode Snippets 插件 。

Vue VSCode Snippets 插件为 Visual Studio Code 编辑器提供 Vue 2 和 Vue 3 版本的快速代码片段生成功能，旨在提高开发效率。

安装 Vue VSCode Snippets 插件如图 2-11 所示。在 VSCode 编辑器中，单击左侧边栏的扩展（Extensions）图标，进入插件市场。在搜索框中输入 Vue VSCode Snippets，从搜索结果中找到对应的 Vue VSCode Snippets 插件。随后，单击 Install 按钮，待安装完成后即可在 VSCode 中使用 Vue 3 的快速代码片段功能。

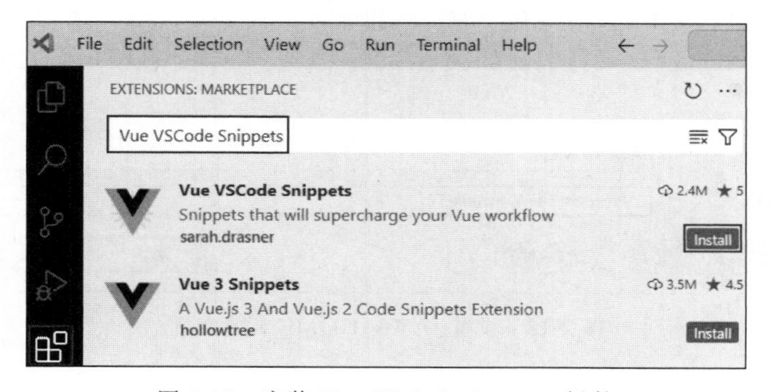

图 2-11　安装 Vue VSCode Snippets 插件

2.2 搭建后端开发和运行环境

为了搭建 Spring Boot 后端项目的开发和运行环境，可安装 JDK（Java Development Kit）、IDEA、MySQL 和 MySQL Workbench。

JDK 是开发 Java 程序所必需的工具包；IDEA 作为 IDE 工具，可提供对 Spring Boot 项目的全方位开发支持；MySQL 用作项目的数据库管理系统；MySQL Workbench 作为图形化客户端软件，用于高效管理 MySQL 数据库。

2.2.1 安装 JDK

JDK 是开发 Java 程序所必需的工具包。后端项目开发采用 Spring Boot，当然是依赖于 JDK 基础环境的，因此需要下载和安装合适的 JDK。

当前 JDK 版本体系区分为长期支持（Long Time Support，LTS）版本与非 LTS 版本。针对企业级开发场景，推荐使用 LTS 版本的 JDK，以确保长期稳定性与维护支持。目前，JDK 8、JDK 11 以及 JDK 17 是广泛采用的 LTS 版本。鉴于本书采用 Spring Boot 3 版本，该版本对 JDK 的最低要求为 JDK 17，因此建议采用 JDK 17 或更高版本的 LTS 版本来满足开发需求。

1. 下载 JDK17

在 Oracle 公司的 JDK 官方下载页面，获取与本机软硬件平台匹配的 JDK 安装软件（如 jdk-17_windows-x64_bin.exe）。

2. 安装

双击安装软件 jdk-17_windows-x64_bin.exe，单击“下一步”→“下一步”→“关闭”按钮完成安装。

3. 配置

设置环境变量 JAVA_HOME，如图 2-12 所示。在 Windows 平台下，右击“此电脑”，选择“属性”，单击“高级系统设置”打开“系统属性”窗口，单击“环境变量”按钮进入“环境变量”窗口，单击“系统变量”下的“新建”按钮，输入变量名 JAVA_HOME，设置变量值为 JDK 安装目录（如 C:\Program Files\Java\jdk-17）。

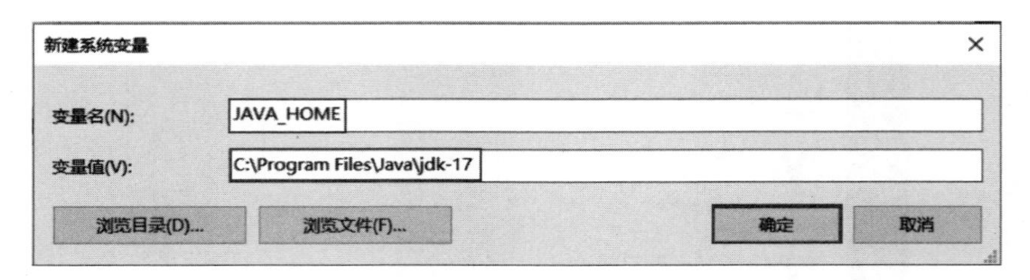

图 2-12 设置 JAVA_HOME 环境变量

将 java. exe 所在的路径设置到 Path 环境变量中，如图 2-13 所示。在“系统变量”窗口中，选择 Path 变量，单击“编辑”按钮，在弹出“编辑环境变量”窗口中，单击“新建”按钮，输入%JAVA_HOME%\bin。

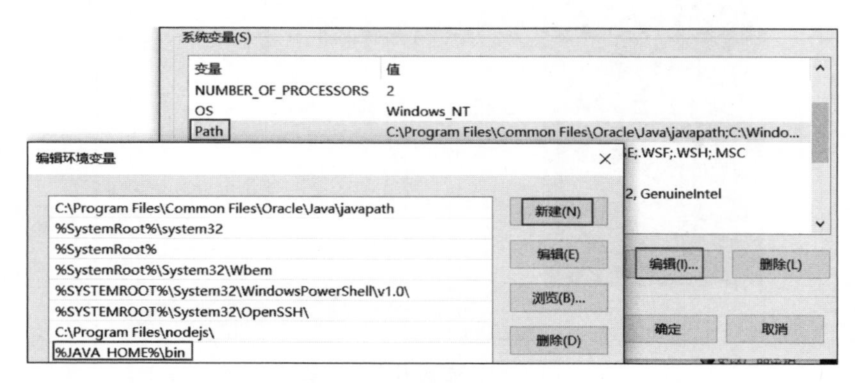

图 2-13 在 Path 系统变量中加入 java. exe 所在的路径

2.2.2 安装 IDEA

IntelliJ IDEA，简称 IDEA，是一款被业界广泛赞誉、特别擅长于 Java 编程的集成开发环境（IDE），近年来一直被公认为最出色的 Java 集成开发工具之一。IDEA 提供两个主要版本：Community（社区版）和 Ultimate（旗舰版）。Community 版本面向广大开发者，提供基础的开发功能，并且是完全免费的；而 Ultimate 版本则针对企业级应用开发进行了全面优化和扩展，包含更多高级功能和工具，是收费的，但新用户可享受 30 天的免费试用期。

在 Spring Boot 项目的开发实践中，选用 Eclipse 和 IDEA 工具的开发者都不少。然而，鉴于 IDEA 对 Spring Boot 框架提供了更为全面和深入的支持，包括但不限于项目结构管理、代码自动完成、依赖关系解析、Spring Boot 配置优化及调试等方面，当前 IDEA 在 Spring Boot 开发领域内已占据主导地位。因此，在本书中，选择采用 IDEA Ultimate 版本作为 Spring Boot 后端应用的主要开发工具，以充分利用其强大的功能和高效的开发体验。

1. 下载

在 JetBrains 公司的 IDEA 官网下载页面获取 IDEA Ultimate 软件（如 ideaIU-2023.3.3.exe）。

2. 安装

双击安装软件 ideaIU-2023.3.3.exe，连续单击“下一步”按钮至出现图 2-14 所示的界面，单击“完成”按钮，结束安装。

为便于开发，建议为 IDEA 创建桌面快捷方式。

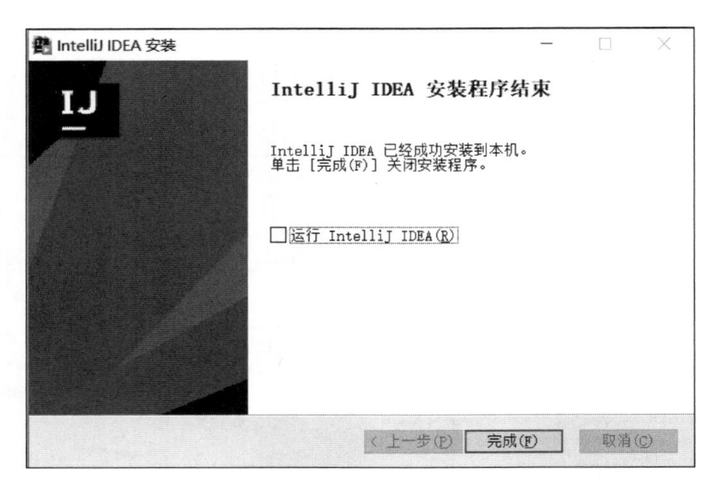

图 2-14 完成 IDEA 安装

2.2.3 安装 MySQL 和 MySQL Workbench

1. 安装 MySQL

到 MySQL 官网下载页获取 MySQL 安装包,如图 2-15 所示。

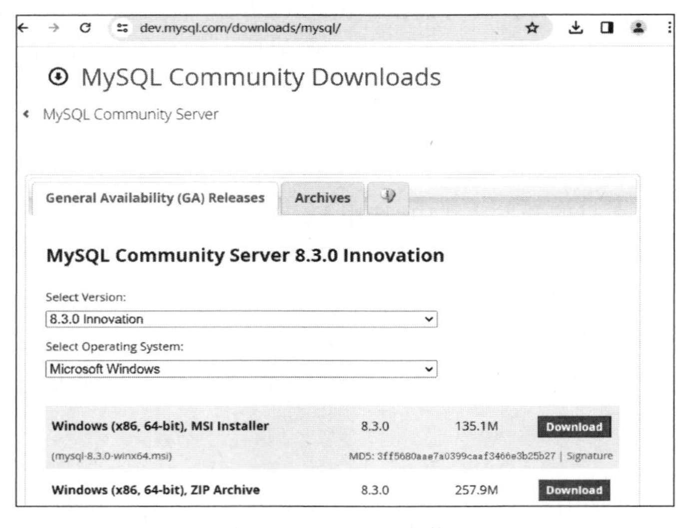

图 2-15 MySQL 安装包

双击下载文件(如 mysql-8. 3. 0-winx64. msi),单击 Next 按钮 ,接受协议; 单击 Next 按钮,选择 Complete 安装模式,陆续单击 Install、Finish 按钮完成安装。接着,在弹出的配置界面中,多次单击 Next 按钮,输入 MySQL Root 账号密码和确认密码(如 123456),如图 2-16 所示。

继续多次单击 Next 按钮,选中两个样例数据库 Sakila 和 World,陆续单击 Next、

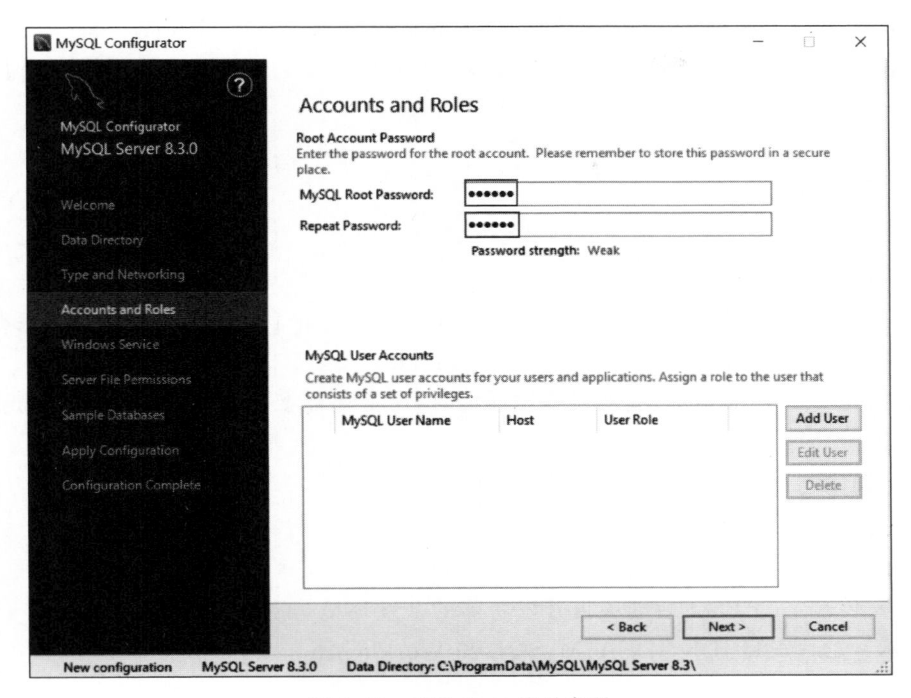

图 2-16 设置 Root 账号密码

Execute、Next、Finish 按钮，完成配置。

2. 安装 MySQL Workbench

为了更有效地连接和操作 MySQL 数据库，可以安装一款专用的 MySQL 客户端软件。在此场景下，推荐使用 MySQL 官方网站提供的 MySQL Workbench 软件，它是一款集成化的数据库设计、管理和开发工具，支持数据库建模、SQL 开发、用户管理等多种功能，能够显著提升数据库管理和操作的效率。

从 MySQL Workbench 官网下载页获取 MySQL Workbench 安装包文件，如图 2-17 所示。

图 2-17 下载 MySQL Workbench

双击下载文件(如 mysql-workbench-community-8.0.36-winx64.msi),依次单击 Next、Next 按钮,选择 Complete 安装模式,陆续单击 Next、Install、Finish 按钮,完成安装。

2.3 练习

一、简答题

1. 搭建 Vue 3 前端项目开发环境时,除了 Node.js 平台外,通常还需要安装哪些工具?请简要说明它们的作用。

2. 搭建 Spring Boot 后端项目开发环境时,通常还需要安装哪些工具?请简要说明它们的作用。

二、操作题

1. 安装 Vue 3 前端项目开发所需的开发环境。

提示:先后安装 Chrome、Node.js、VSCode。

2. 安装 Spring Boot 后端项目开发所需的开发环境。

提示:先后安装 JDK、IDEA、MySQL 和 Workbench。

第 3 章

"甜点管理系统"实践项目概述

掌握 Spring Boot 与 Vue 3 的前后端分离基础概念，并成功搭建相应开发环境后，便能进入到项目实践阶段。在此之前，首要且关键的任务是全面理解并精确界定实践项目的所有功能需求。

本书实践项目"甜点管理系统"，整体可分 5 个功能模块，如图 3-1 所示。

1. 登录和退出

系统仅允许有效用户登录后访问其核心功能。登录成功后，系统将显示欢迎信息并附带"退出"系统链接，用户单击此链接后，其登录状态及信息将被立即清除。

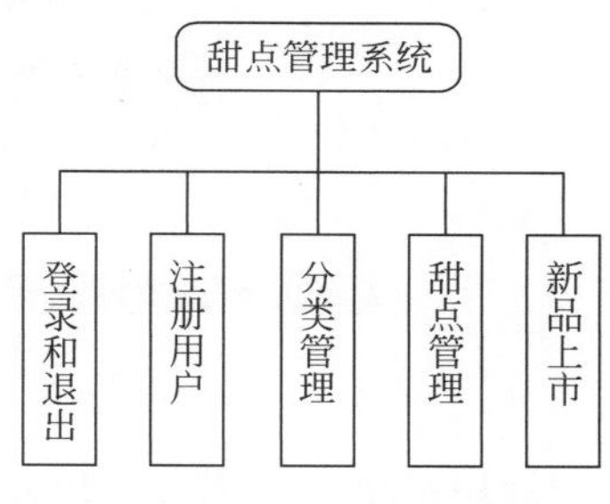

图 3-1　甜点管理系统功能模块

2. 注册用户

用户角色分为超级管理员与普通用户两类。系统中预设的 admin 用户为超级管理员，享有对全部功能的操作权限。而普通用户则必须通过 admin 用户的注册流程进行创建，且其权限仅限于查看"新品上市"模块的相关内容。特别说明，此处的注册用户功能专指普通用户的注册流程。

3. 分类管理

在分类管理模块中，执行对甜点分类基础数据的添加、删除、修改等维护操作。同时，提供分类列表的显示功能，该列表支持查询和翻页操作，以便用户高效浏览。

4. 甜点管理

在甜点管理模块中，负责执行甜点数据的添加、删除、修改等维护操作。同时，提供甜点列表的显示功能，支持查询和翻页操作，以便用户高效浏览。在添加和编辑甜点信息时，还具备图片文件的上传和预览功能，以丰富甜点的显示效果。

5. 新品上市

新品上市区块将集中显示最新发布的 8 个甜点信息。

注意：本书将着重实现登录与退出、分类管理以及甜点管理三个功能，而注册用户和新品上市这两个相对简单的功能则留给读者自行实现。

3.1 登录和退出

当用户进入该应用时，实际进入一个单页应用框架。该框架由顶部、左侧栏、功能区及底部等部分构成。用户可通过单击框架内的链接，实现不同功能组件界面的动态加载，如图 3-2 所示。

图 3-2 进入单页应用

当用户单击框架右上角的“登录”按钮时，中间的功能区将直接显示登录界面。如果用户尝试单击左侧栏中的“用户注册”“分类管理”或“甜点管理”链接，由于尚未登录，功能区也将跳转至登录界面进行显示，如图 3-3 所示。

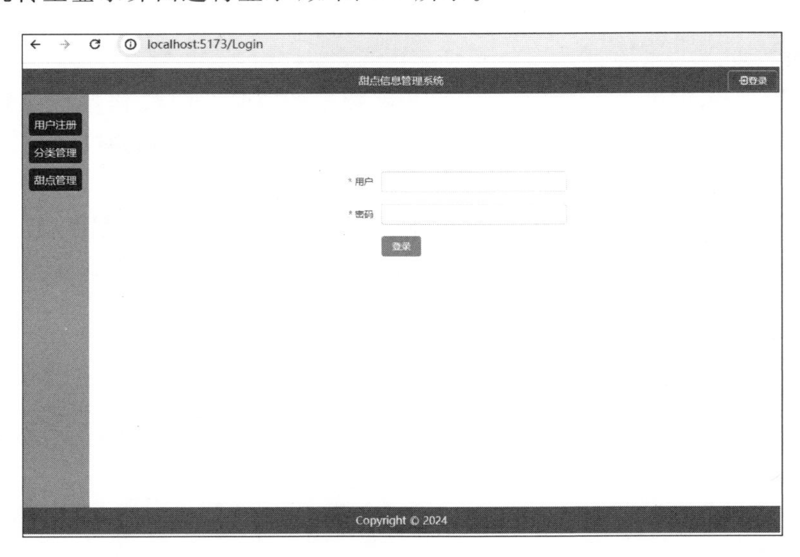

图 3-3 进入登录界面

在尝试登录时，若输入的用户名不存在，系统将显示“登录，失败！用户不存在”的提示信息，如图 3-4 所示。

图 3-4 输入用户名不存在后登录报错

在尝试登录时，若输入的密码错误，系统将显示“登录，失败！密码错误”的提示信息，如图 3-5 所示。

图 3-5 输入密码错误后登录报错

在尝试登录时，若输入正确的用户名和密码，系统将显示“登录，成功！”的提示信息，如图 3-6 所示。接着应用将自动跳转到默认首页，如图 3-7 所示。在此页面，右上角会显示欢迎信息“欢迎 admin”以及“退出”按钮供用户操作。

图 3-6 输入用户名和密码正确后登录

单击右上角“退出”按钮，将回到如图 3-3 所示的登录界面。

图 3-7　进入默认首页

3.2　分类管理

为了有效管理甜点的分类基础数据，应用支持添加、删除、修改等操作。在显示分类列表时，用户可以利用查询功能快速定位，同时支持翻页浏览。

3.2.1　查询列表

单击左侧栏的“分类管理”链接后，将呈现甜点分类列表，第 1 页显示前 5 行数据。在数据行上方设有查询框和查询按钮，下方则配备分页组件，便于用户浏览，如图 3-8 所示。

实现翻页功能：如单击分页组件上第 2 页链接按钮，界面上将显示第 2 页数据行，如图 3-9 所示。

在名称框中输入“系列”作为查询条件，单击“查询”按钮，系统将显示分类名称的模糊查询结果，显示 2 行数据，如图 3-10 所示。

在名称框输入“系列”，在描述框输入“小吃”，然后单击“查询”按钮，系统将同时对分类名称和描述进行模糊查询，查询结果将显示匹配 1 行数据，如图 3-11 所示。

单击“重置”按钮后，两个输入框的内容将被清空，随后将进行无条件查询，分类列表将重新显示第 1 页的 5 行数据，如图 3-12 所示。

图 3-8 显示甜点分类列表

图 3-9 显示甜点分类列表第 2 页

图 3-10　分类名称模糊查询

图 3-11　同时对分类名称和描述进行模糊查询

图 3-12　重置后清空查询条件并做无条件查询

3.2.2　新增

在“分类管理”界面中,用户单击“新增”按钮后,系统将弹出“新增”对话框。若用户在未输入分类名称的情况下直接单击“确认”按钮,则系统会在“分类名称”输入框下方以红色字体明确提示“请输入分类名称”,并弹出一个警告消息框,内容为“新增数据有问题,请先修正”,以提示用户及时修正错误,如图 3-13 所示。

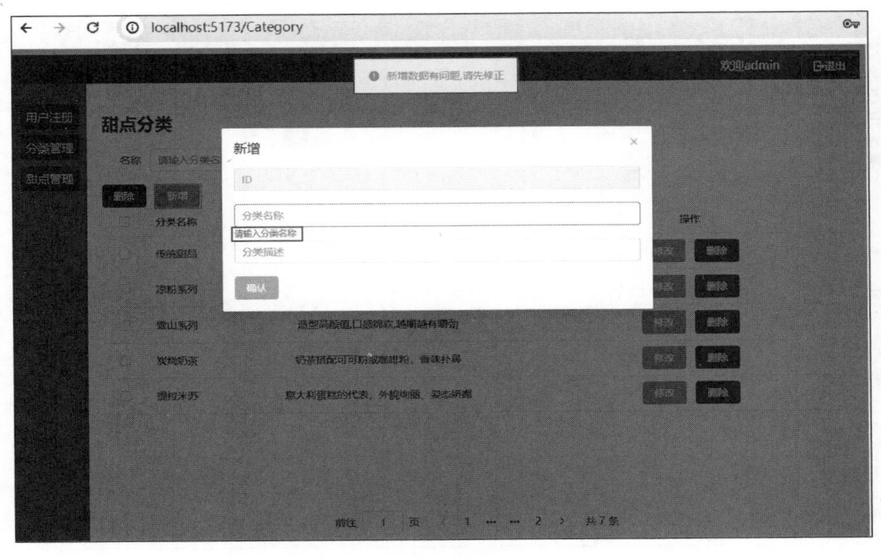

图 3-13　未输入分类名称作新增提交将报错

单击左侧栏的"分类管理"链接后，选择"新增"按钮，在新弹出的"新增"对话框中输入分类名称"炭烧奶茶"，并填写描述信息"奶茶搭配可可粉或咖啡粉，香味扑鼻"，如图 3-14 所示。完成输入后，再单击"确认"按钮，系统将显示"新增分类，成功！"的消息框。

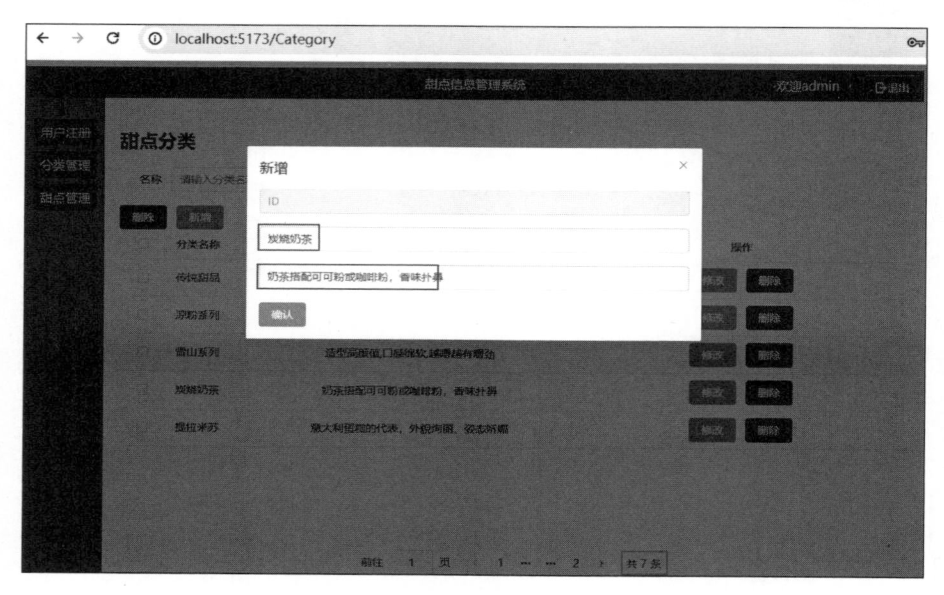

图 3-14　新增分类

成功完成分类的新增操作后，单击分页组件的尾页链接进行跳转，此时在分类列表中即可查看到新增的 1 条数据，如图 3-15 所示。

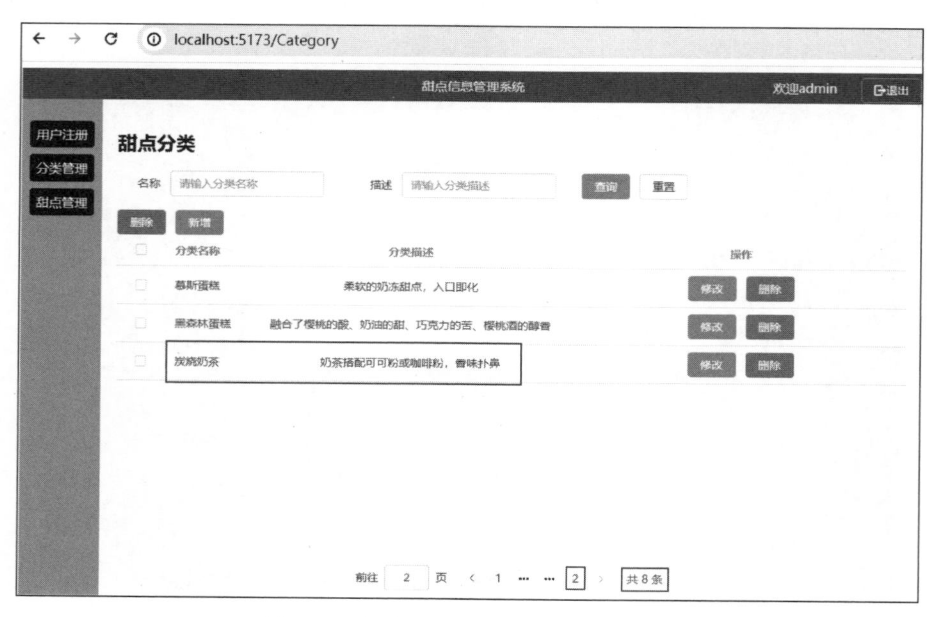

图 3-15　单击尾页链接可发现新增分类

3.2.3 编辑

在“分类管理”界面中，选择需要编辑的行并单击“修改”按钮。随后，在弹出的“编辑”对话框中，修改名称和描述字段值(如为名称和描述字段各添加一个感叹号)，然后单击“确认”按钮完成修改，如图 3-16 所示。

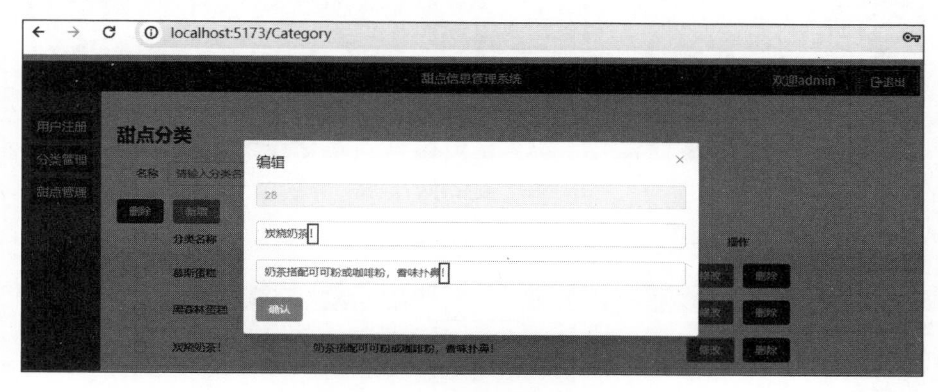

图 3-16　编辑分类内容

完成分类编辑后，系统弹出“编辑分类，成功!”的消息框，并自动返回分类列表界面。此时，可观察到编辑行的数据已成功更新，如图 3-17 所示。

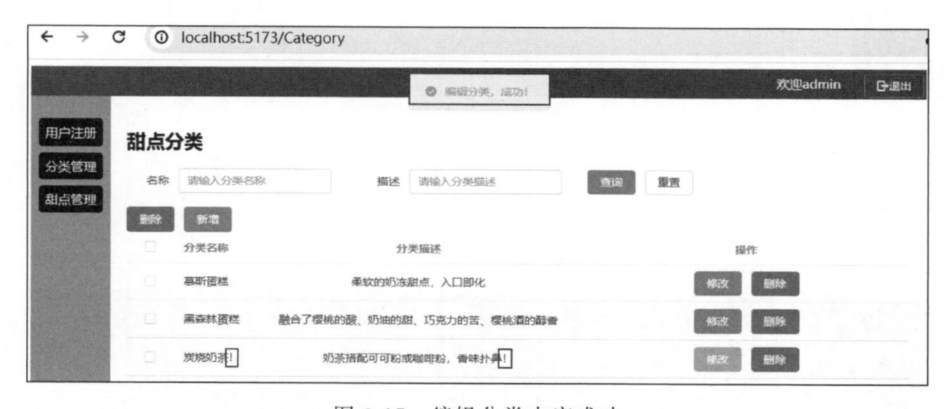

图 3-17　编辑分类内容成功

3.2.4 删除

在分类列表界面中，单击待删除行右侧的“删除”按钮，随后在弹出的“警告”对话框中单击“删除”按钮，以执行删除操作，如图 3-18 所示。

删除操作完成后，页面返回分类列表，相应数据行已成功移除，如图 3-19 所示。

除通过上述操作完成删除任务外，也可批量删除分类信息，具体操作如下所示。

首先，新增 3 行测试分类数据，进入列表界面后，选中多行；然后，单击左上方的“删

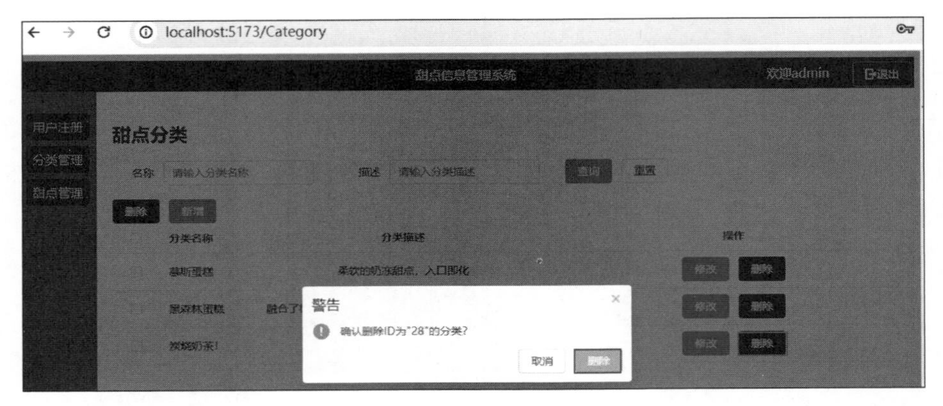

图 3-18　删除单行数据

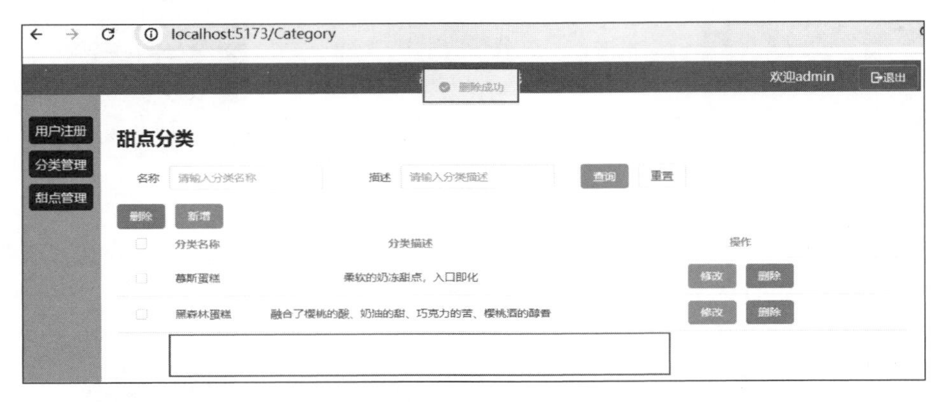

图 3-19　删除单行数据成功

除”按钮，系统将弹出确认对话框，确认无误后单击“删除”按钮，即可完成批量删除分类数据的操作，如图 3-20 所示。

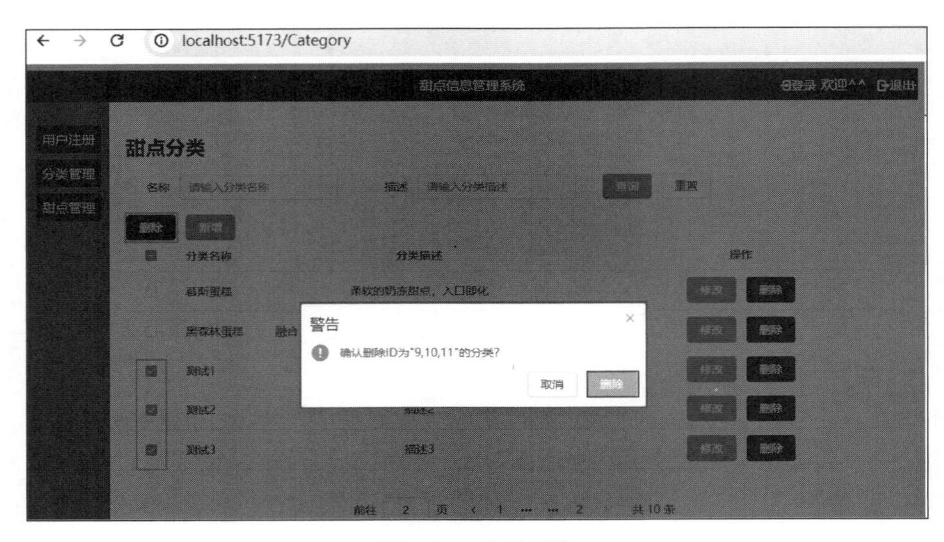

图 3-20　批量删除

批量删除操作完成后，页面返回分类列表，可发现选择的多行数据已被删除，如图 3-21 所示。

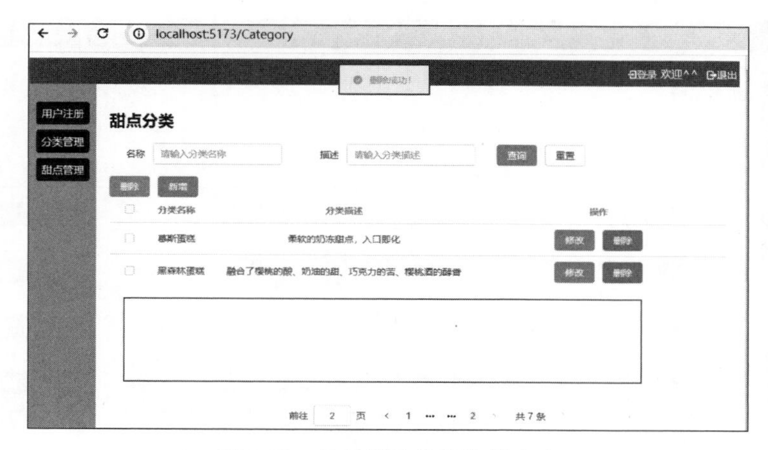

图 3-21 批量删除分类数据成功

3.3 甜点管理

为了有效地对具体甜点数据进行维护，应用支持添加、删除、修改等操作。在显示甜点列表时，用户可以利用查询功能快速定位，并支持翻页浏览。

3.3.1 查询列表

单击左侧栏中的“甜点管理”按钮后，第 1 页将呈现 5 行甜点数据，同时分页组件显示共有 9 行数据，当前处于第 1 页，如图 3-22 所示。

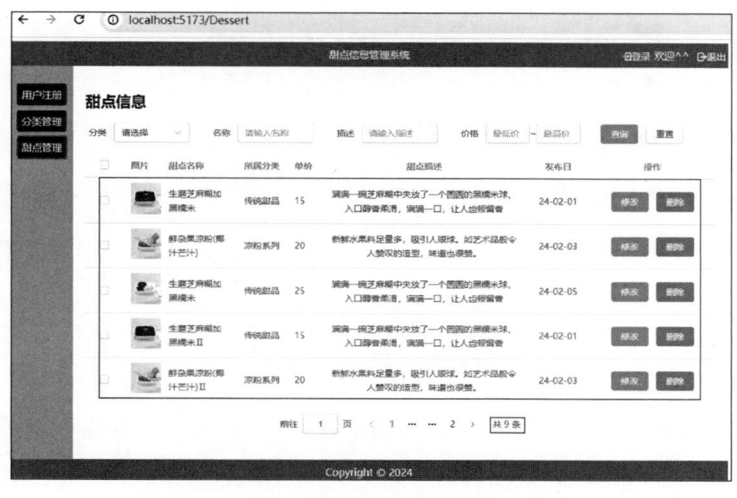

图 3-22 显示甜点列表首页

单击分页组件上的页码 2 后，系统将显示第 2 页的 3 行甜点数据，如图 3-23 所示。

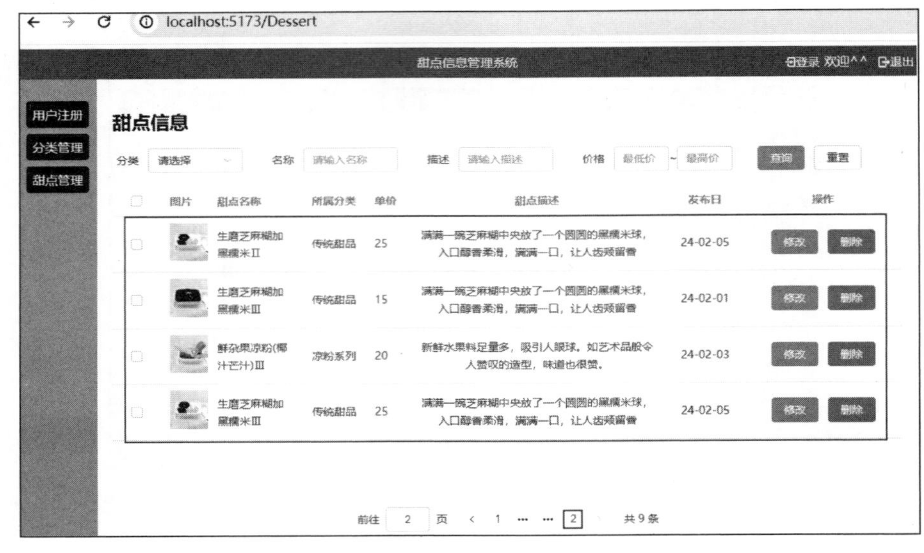

图 3-23　显示甜点列表第 2 页

在“分类”下拉列表框中选择“传统甜点”选项作为查询条件，然后单击“查询”按钮，进行分类查询，页面显示具有 6 行匹配数据，如图 3-24 所示。

图 3-24　按分类值查询

在“名称”输入框中输入“芝麻”作为查询条件，直接按 Enter 键或者单击“查询”按钮，进行名称模糊查询，页面显示具有 6 行匹配数据，如图 3-25 所示。

单击“重置”按钮，“名称”输入框内容将被清空。然后，在“描述”输入框中输入“水

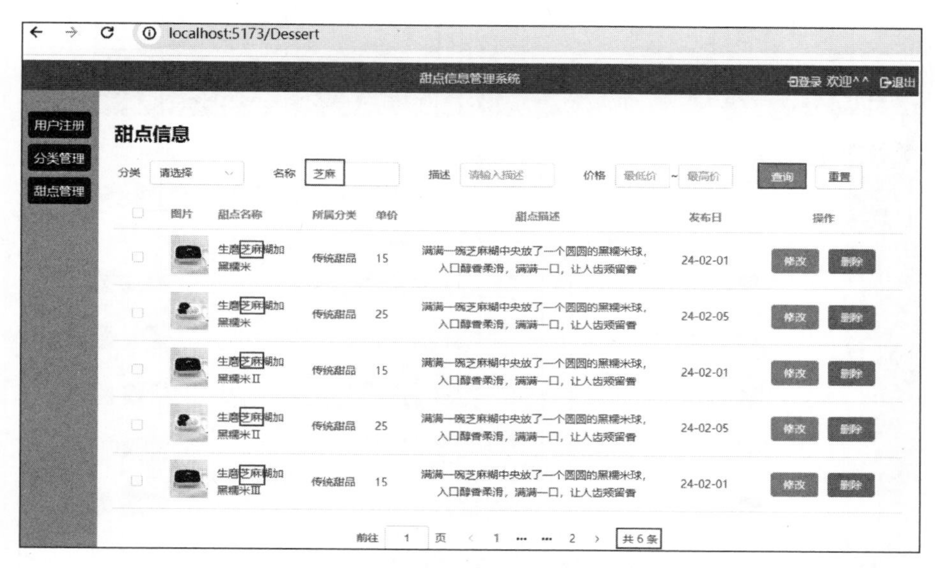

图 3-25 按名称值模糊查询

果”，直接按 Enter 键或者单击“查询”按钮，进行描述信息的模糊查询，将获得 3 行匹配数据，如图 3-26 所示。

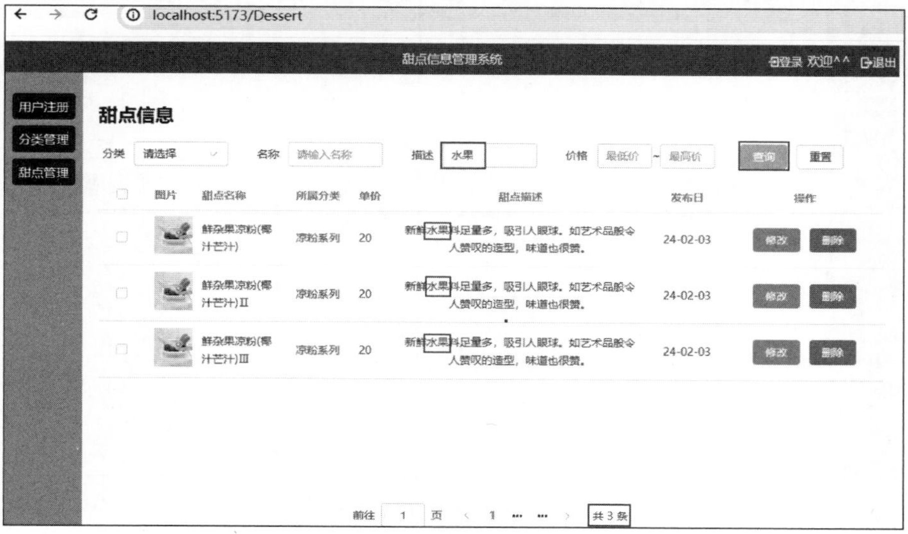

图 3-26 按描述模糊查询

单击“重置”按钮，“描述”输入框内容将被清空。然后输入最低价 15 和最高价 20，直接按 Enter 键或者单击“查询”按钮，进行价格区间查询，将获得 6 行匹配数据，如图 3-27 所示。

然后，单击页码 2，应用将在当前查询条件下，正确显示第 2 页的数据，如图 3-28 所示。

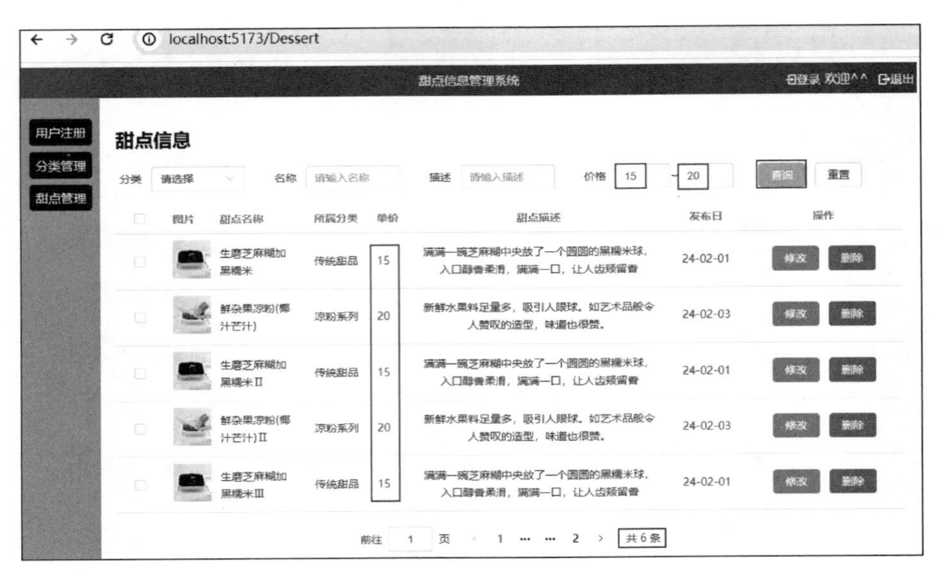

图 3-27 按价格区间查询

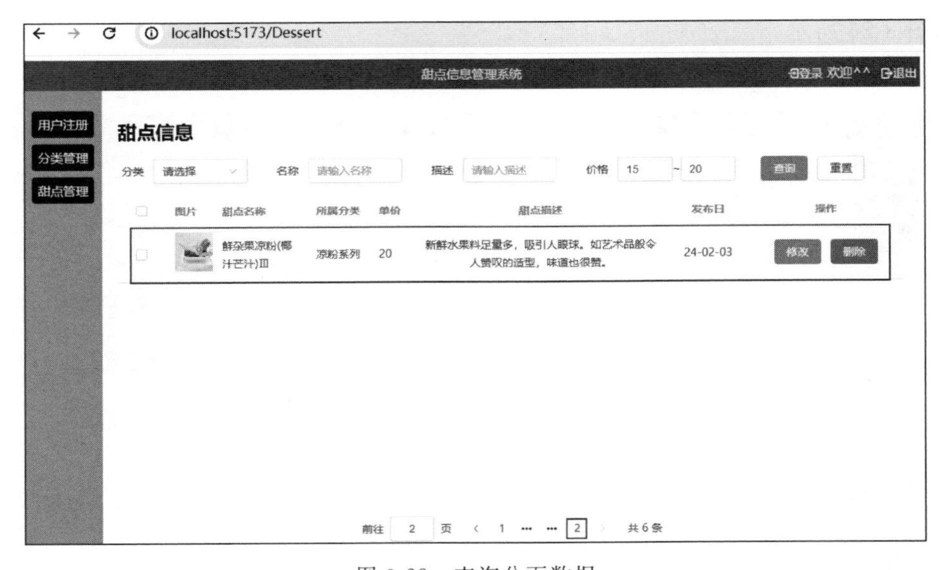

图 3-28 查询分页数据

3.3.2 新增

单击“新增”按钮后，若在“新增”对话框中不进行任何输入，可直接单击“确认”按钮，此时应用的验证规则会阻止表单的提交，并显示各类验证错误提示。同时，在顶部弹出警告消息框提示“新增数据有问题，请先修正”，如图 3-29 所示。

在“新增”对话框中输入甜点的各项数据后，单击“确认”按钮，应用将成功添加该甜

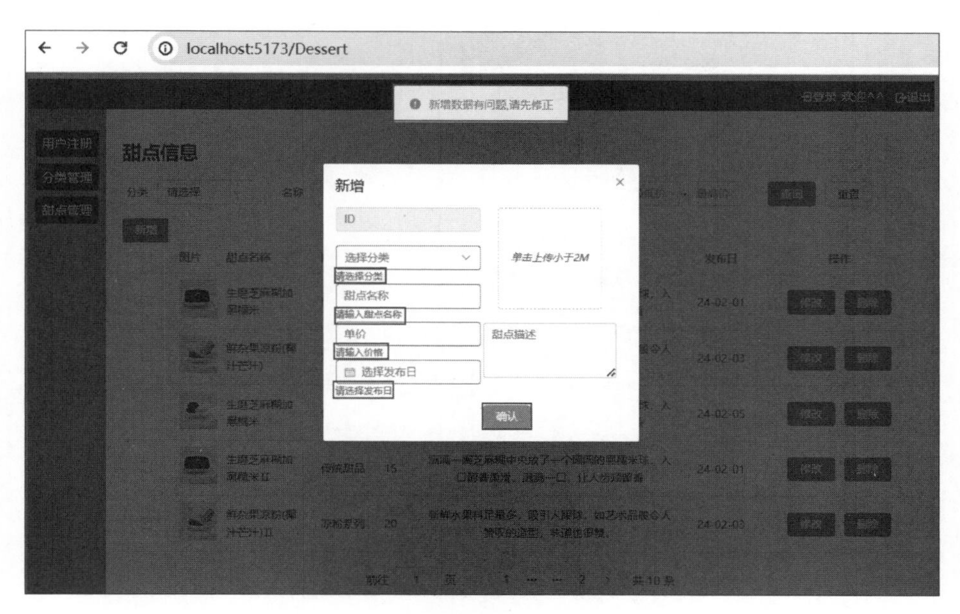

图 3-29 新增操作时验证规则起效

点(见图 3-30),并弹出消息框提示“新增甜点,成功!”。

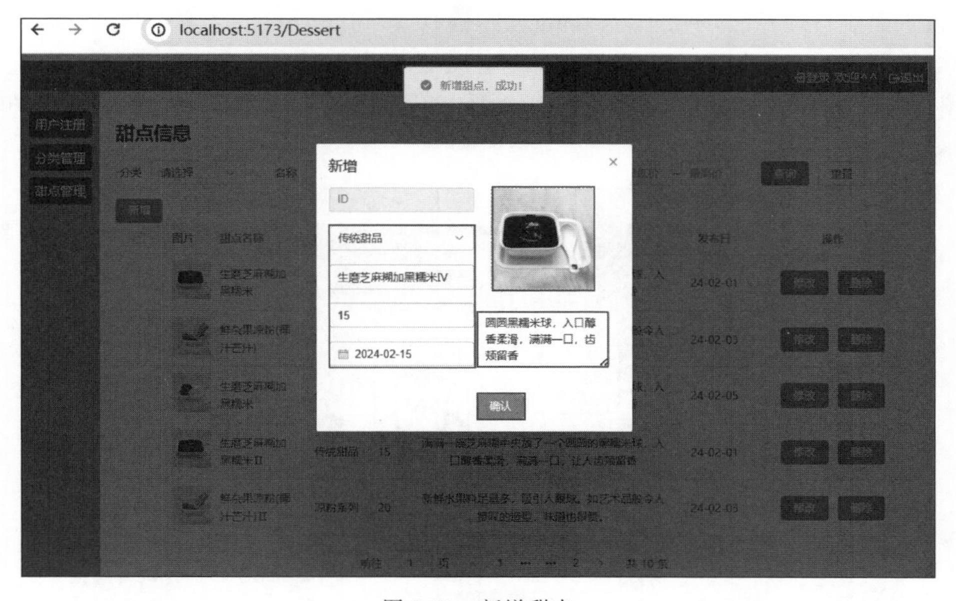

图 3-30 新增甜点

在返回甜点列表页后,单击尾页链接(此处为第 2 页)跳转到尾页,可以查看到新增的甜点数据,如图 3-31 所示。

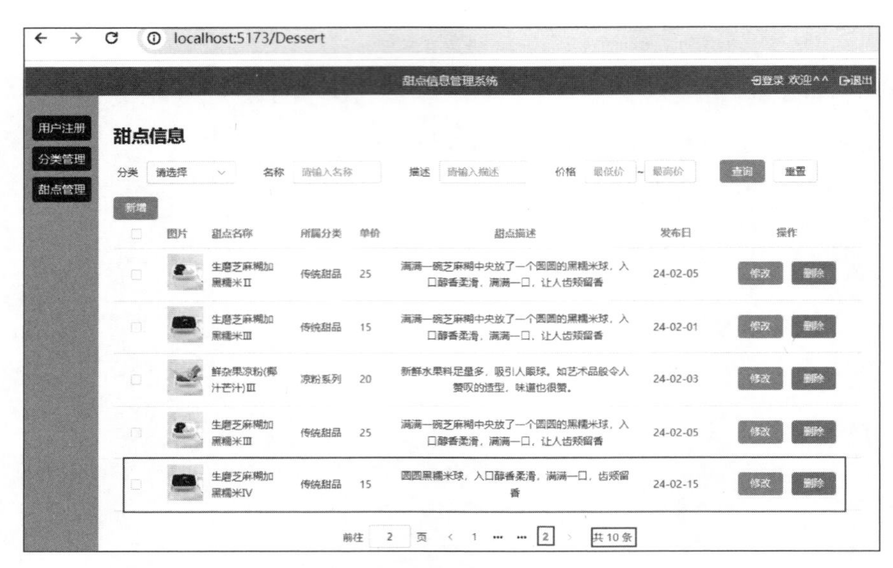

图 3-31 单击尾页链接可查看到新增甜点数据

3.3.3 编辑

进入甜点管理界面，单击所需编辑行的“修改”按钮，随即显示“编辑”对话框，并自动将原各字段值填充到相应的位置。在“编辑”对话框中可将分类、名称、描述、价格、发布日、图片一一修改，然后单击“确认”按钮，会弹出消息框提示“编辑甜点，成功!”，如图 3-32 所示。

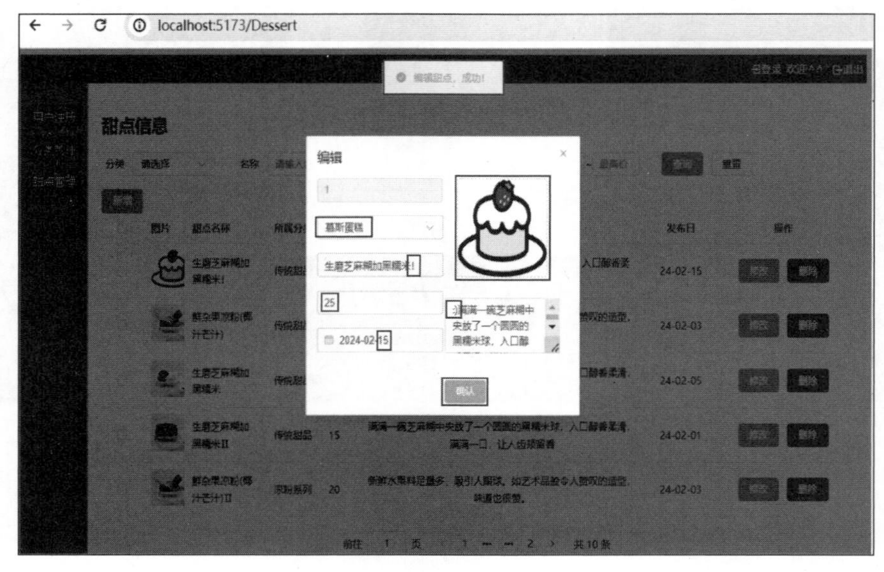

图 3-32 编辑甜点内容

编辑完成后，页面返回甜点列表，可见相应行数据已成功更新，如图 3-33 所示。

图 3-33 编辑甜点内容成功

3.3.4 删除

在甜点列表界面中，单击待删除行右侧的“删除”按钮后，应用随即弹出“警告”对话框，确认无误后，单击对话框中的“删除”按钮，以执行删除操作，如图 3-34 所示。

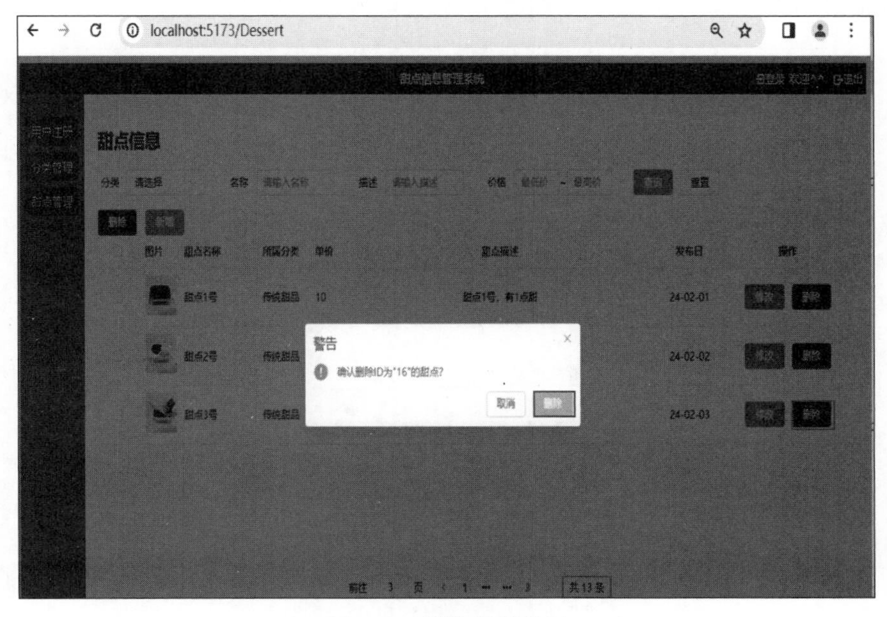

图 3-34 删除单行数据

完成删除操作后，页面自动返回甜点列表，被删除的数据行已不存在，从而确认删除成功，如图 3-35 所示。

图 3-35　删除单行数据成功

除按上述操作完成删除任务外，也可批量删除，具体操作如下所示。

首先，添加几行甜点测试数据。随后，进入甜点列表界面，勾选多行待删数据，然后单击左上方的批量“删除”按钮。系统将弹出“警告”对话框，确认无误后单击“删除”按钮，即可批量删除所选甜点数据，如图 3-36 所示。

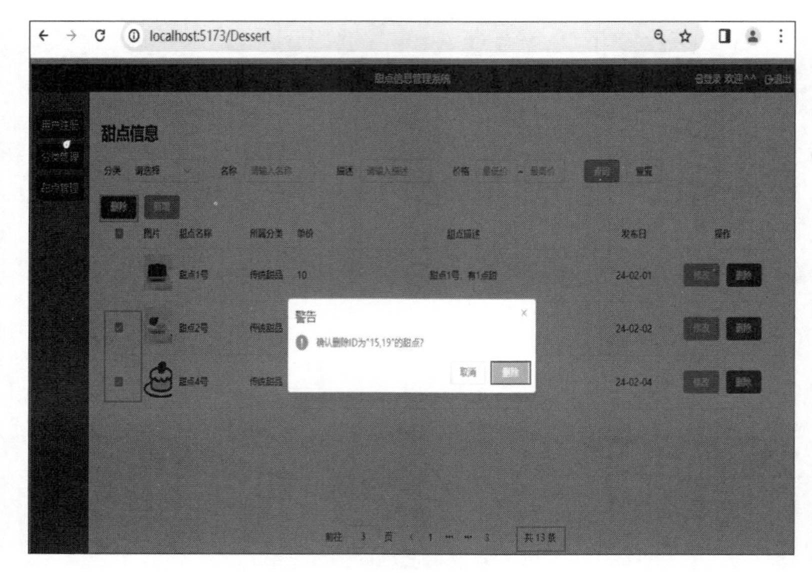

图 3-36　批量删除甜点数据

批量删除操作完成后，页面返回甜点数据列表，可发现相应几行数据已被删除，同时在顶部弹出的消息框中显示"删除成功！"，如图 3-37 所示。

图 3-37 批量删除甜点数据成功

3.4 练习

为了实现公司员工信息的有效管理，计划开发一个"员工管理系统"。在系统开发之前，需明确系统的整体功能需求，并完成相应功能界面的设计，以确保系统能满足实际业务真实需求。

（1）整体功能需求梳理。

绘制出系统的功能模块图，并对每个功能模块进行简要的说明。

（2）登录和退出界面设计。

针对用户登录和退出操作，设计静态页面，确保用户能够便捷地登录和退出系统。

（3）注册用户界面设计。

针对注册用户功能，设计静态页面。页面至少包含用户名、密码和确认密码 3 个字段。

（4）部门管理界面设计。

针对部门管理功能，设计多个静态页面。满足部门列表显示，以及部门的添加、编辑和删除操作需求。

（5）员工管理界面设计。

员工管理界面是系统的核心部分，可设计多个页面实现。满足员工信息的搜索、分页、添加、编辑和删除操作需求。

初始项目开发环境

初始化项目开发环境，主要包括3方面：数据库设计、用VSCode开发工具创建前端Vue 3项目、用IDEA开发工具创建后端Spring Boot项目。

4.1 数据库设计

本部分聚焦于MySQL环境下数据库表的设计流程。

首先，确保MySQL服务已处于运行状态，然后利用MySQL Workbench工具建立与MySQL服务的连接，再依据业务实际需求，精准地构建数据库及其表结构，并往数据表中填充必要的测试数据以供后续开发使用。

4.1.1 连接MySQL环境

1. 启动MySQL服务

在标准配置环境中，MySQL服务被设置为随操作系统启动而自动运行。若遇到MySQL服务未启动的情况，可以通过打开任务管理器，并切换至服务(Services)标签页，进而在列表中找到MySQL服务项，然后右击MySQL服务项，并选择“启动”选项来手动启动MySQL服务。具体操作界面如图4-1所示。

图4-1 启动MySQL服务

2. 使用 MySQL Workbench 连接 MySQL 服务

启动 MySQL Workbench 客户端工具，在运行界面中单击 Local Instance MySQL 链接，以便建立与 MySQL 服务的连接，如图 4-2 所示。

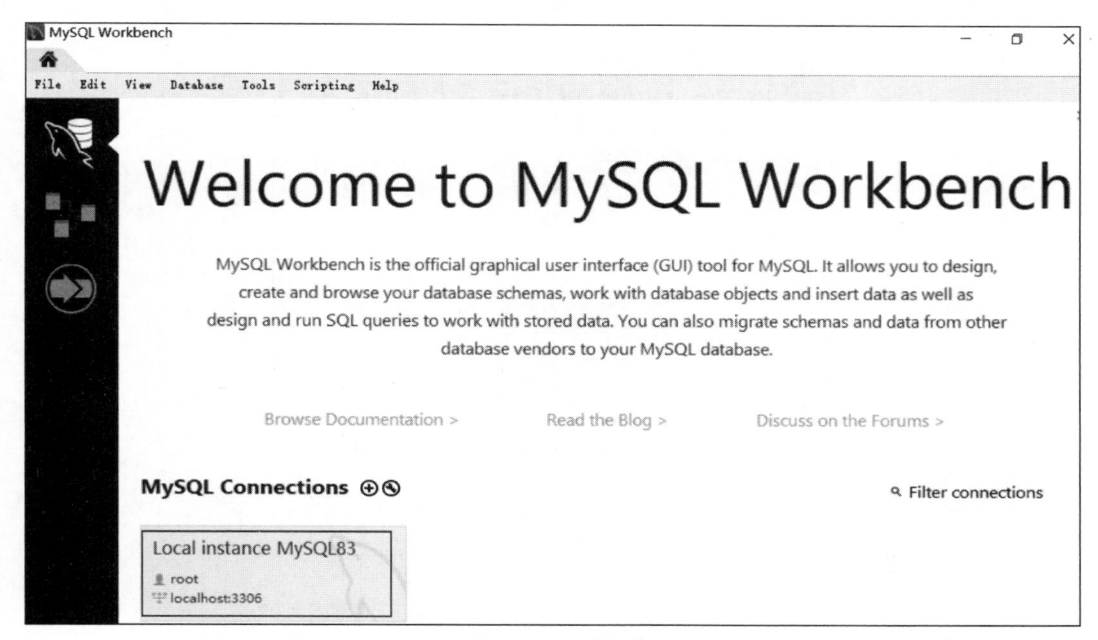

图 4-2　启动 MySQL Workbench 用以连接 MySQL

在 Connect to MySQL Server 的对话框中，输入 root 用户的密码(如 123456)，然后单击 OK 按钮，以此建立与 MySQL 服务间的连接，如图 4-3 所示。

图 4-3　连接 MySQL

至此，MySQL Workbench 工具已成功连接 MySQL 服务。

4.1.2　创建数据库、表并添加测试数据

1. 创建数据库

在 MySQL Workbench 的工具界面中，单击 Schemas 按钮，可看到 MySQL 管理的

系统数据库 sys 以及案例数据库 sakila 和 world。

要创建新数据库，可右击 Schemas 窗体的空白区域，在弹出的快捷菜单中选择 Create Schema 选项，如图 4-4 所示。

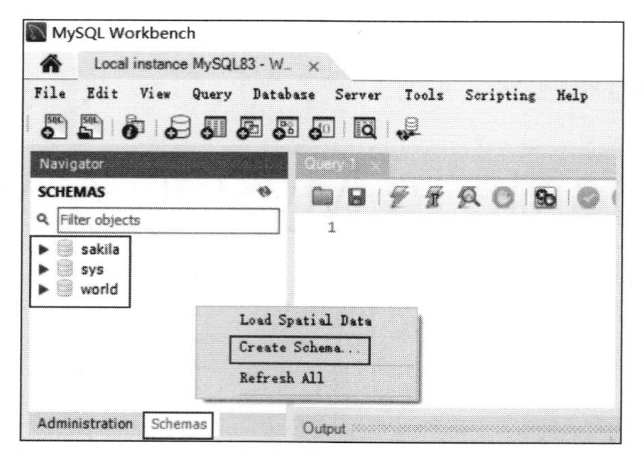

图 4-4　在 MySQL Workbench 中创建数据库

输入新建数据库的名称（如 desserts），单击 Apply 按钮，如图 4-5 所示。

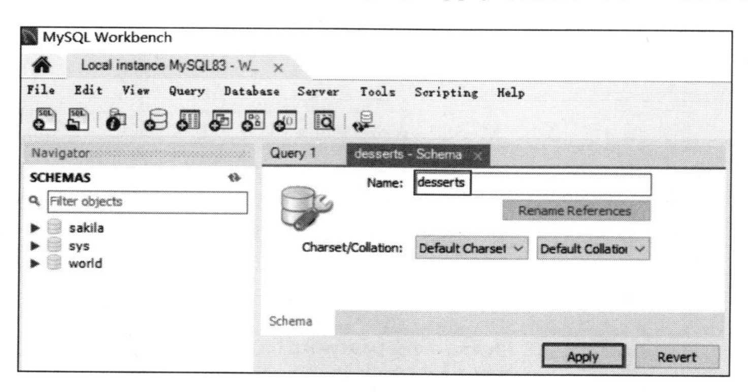

图 4-5　输入新建数据库的名称

在如图 4-6 所示的界面中，单击 Apply 按钮，以执行创建数据库的 SQL 脚本。

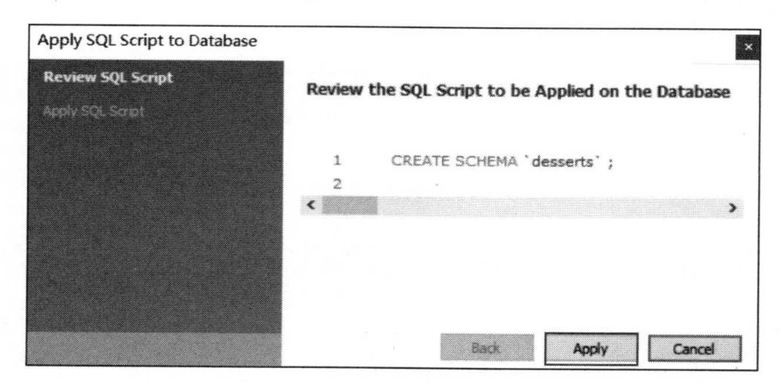

图 4-6　执行创建数据库的 SQL 脚本

在弹出的确认框中单击 Finish 按钮后，数据库就生成了，随后可为该数据库创建相应的数据表。

2. 创建数据表

在本实践案例中，数据表设计主要划分为两大核心类别：一是围绕甜点信息管理所设计的相关数据表；二是聚焦于系统安全管理所需的相关数据表。这样的设计旨在全面覆盖业务管理与安全保障的双重需求。其中，甜点信息管理相关的数据表包括 category（分类表），用于存储甜点的分类信息；dessert（甜点表），用于详细记录甜点信息。安全管理相关表包括：t_user（用户表），用于管理用户基本信息；t_role（角色表），定义系统中的不同角色；t_user_role（用户角色关联表），建立用户与角色之间的关联关系。上述各表的具体字段描述，详见表 4-1～表 4-5 所示。

表 4-1 category 表

字段名	类型	可否为 Null	主键/外键	描 述
id	int	否	主键	分类 ID，自动增量
name	varchar(100)	否	否	分类名
descp	varchar(500)	是	否	分类描述

表 4-2 dessert 表

字段名	类型	可否为 Null	主键/外键	描 述
id	int	否	主键	甜点 ID，自动增量
name	varchar(100)	否	否	甜点名称
photoUrl	varchar(500)	是	否	甜点图片 URL
price	Double	是	否	甜点单价
descp	varchar(500)	是	否	甜点描述
release_date	date	是	否	甜点发布日期
cat_id	int	是	外键	所属分类 ID，引用 category 表 id 主键

表 4-3 t_user 表

字段名	类型	可否为 Null	主键/外键	描 述
id	int	否	主键	用户 ID，自动增量
username	varchar(200)	否	否	登录用户名
password	varchar(200)	否	否	登录密码
active	int(1)	否	否	1 用户可用（默认值），0 用户不可用

表 4-4 t_role 表

字段名	类型	可否为 Null	主键/外键	描 述
id	int	否	主键	ID，自动增量
role	varchar(200)	否	否	角色名

表 4-5 t_user_role 表

字段名	类型	可否为 Null	主键/外键	描　　述
id	int	否	主键	ID，自动增量
user_id	int	否	外键	引用 t_user 表 ID
role_id	int	否	外键	引用 t_role 表 ID

（1）创建 category（分类）表。

在 MySQL Workbench 界面中，打开 desserts 数据库，右击 Tables 节点，在弹出快捷菜单中单击 Create Table 选项，如图 4-7 所示。

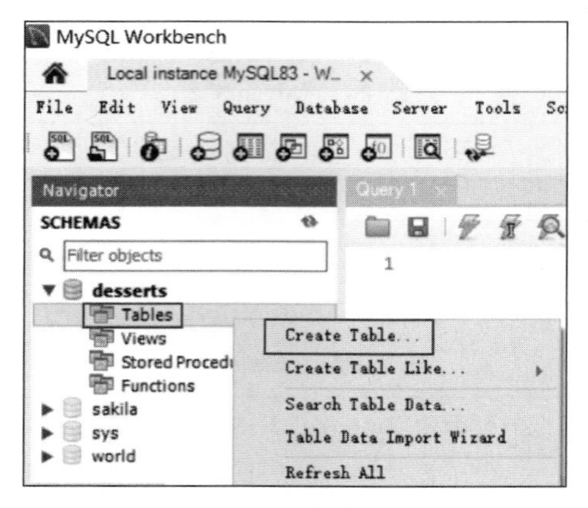

图 4-7 创建表

在“创建表”弹窗的 Table Name 输入框中填写表名 category，并设置列 id（设置为主键并启动自动增量）、name（分类名称）和 descp（分类描述），如图 4-8 所示。

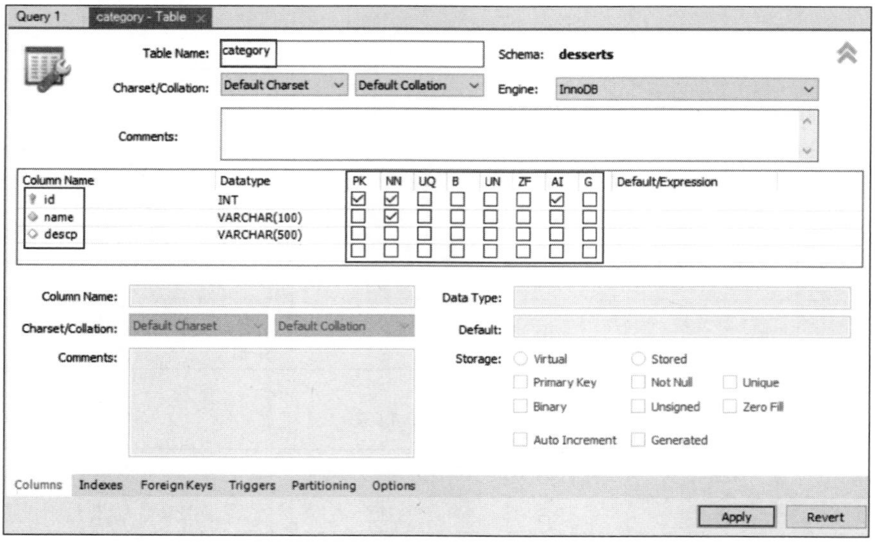

图 4-8 创建 category 表并设置列

注意：在数据类型定义中，int 代表整数类型，是 Integer 的简写形式；而 varchar 则指可变长度的字符类型，如 varchar(100)表示该字段可存储最多 100 个字符的字符串。在数据库表的设计中，PK 是 Primary Key(主键)的缩写，用于唯一标识表中的每一行记录；NN 是 Not Null(非空)的缩写，表示该字段在存储数据时不能留空；AI 则是 Auto Increment(自动增量)的缩写，通常用于主键字段，确保每次插入新记录时，该字段的值会自动增加，以保持唯一性。

单击 Apply 按钮，在弹出的确认框中依次单击 Apply 按钮和 Finish 按钮，最终完成 category 表的创建。

(2) 创建 dessert(甜点)表。

在 MySQL Workbench 界面中，打开 desserts 数据库，右击 Tables 节点，在快捷菜单中单击 Create Table 选项，在弹出窗体中输入数据表的名称 dessert。接着为 dessert 表设置列：id(设置主键并启动自动增量)、name(甜点名称)、photoUrl(甜点图片 URL)、price(甜点单价)、descp(甜点描述)、release_date(甜点发布日期)和 cat_id(甜点所属分类 ID)，如图 4-9 所示。

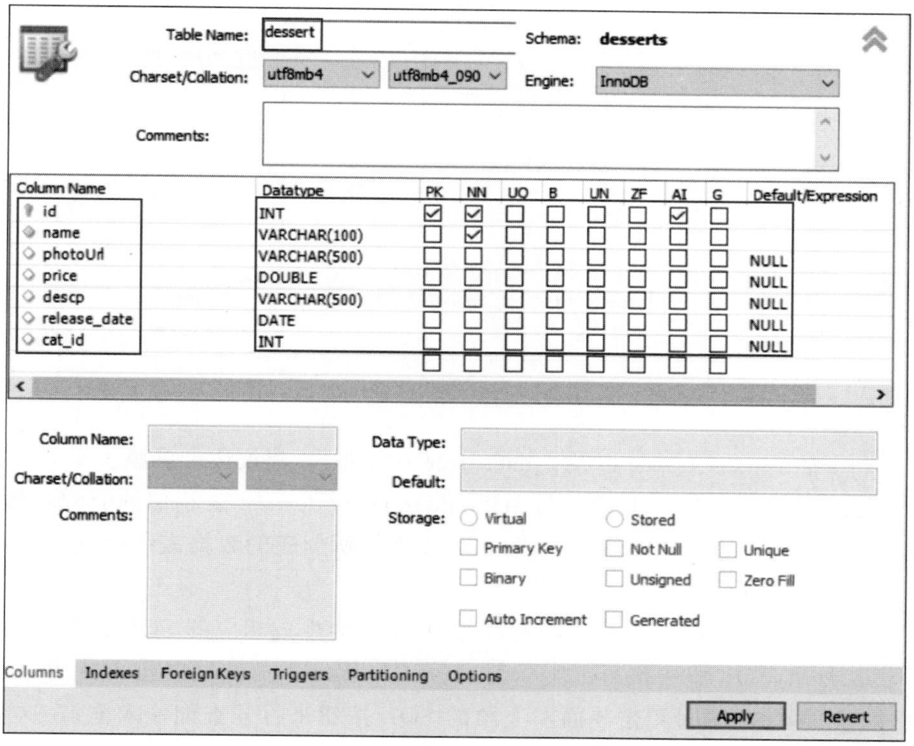

图 4-9 创建 dessert 表并设置列

单击 Apply 按钮，在弹出的确认框中依次单击 Apply 按钮和 Finish 按钮，最终完成 dessert 表的创建。

为了建立 dessert 表与 category 表之间的关联，需要在 dessert 表中创建一个外键 cat_id，该外键将引用 category 表的主键 id。具体操作如下：单击 Foreign Keys（外键）选项卡，进入外键设置界面。在此界面中，选择 Referenced Table（被引用表）为 category，然后在 Column（列）选项中选择 dessert 表中用于建立外键关系的列，即 cat_id。接着，在 Referenced Column（被引用列）选项中，指定 category 表中作为主键的列，即 id。完成上述设置后，外键关系即被成功建立，具体步骤显示如图 4-10 所示。

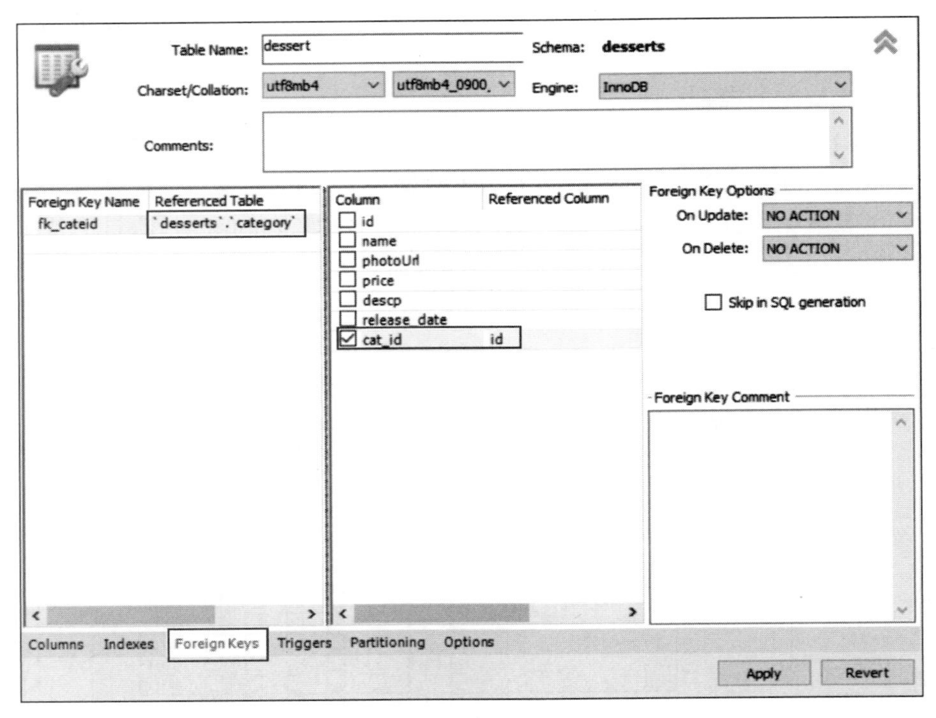

图 4-10 创建外键 cat_id

对于剩余的 t_user、t_role 以及 t_user_role 这 3 张表，建议读者参照表 4-3、表 4-4 和表 4-5 中提供的详细规格说明，遵循与创建 category 和 dessert 表相似的流程步骤，自主完成创建工作。通过遵循这些规则和流程，可以确保所创建的数据表结构既符合业务需求，又具备良好的数据完整性和关联性。

使用 MySQL Workbench 创建表的过程中，系统会生成相应的 SQL 语句，并自动将该语句发送给 MySQL 服务执行。实际上，MySQL Workbench 同时也支持用户直接编写和执行 SQL 脚本：通过单击界面左上角的 SQL 按钮来打开查询输入框，在这个输入框中，可以自由编写 SQL 语句，比如创建表、修改表结构或是插入数据等。编写完成后，只需单击“执行”按钮（闪电图标），MySQL Workbench 便会将这些 SQL 脚本发送给 MySQL 服务进行执行，如图 4-11 所示。

为了高效支持项目开发的后续阶段，本书已整理出完整的 SQL 语句集，旨在帮助读

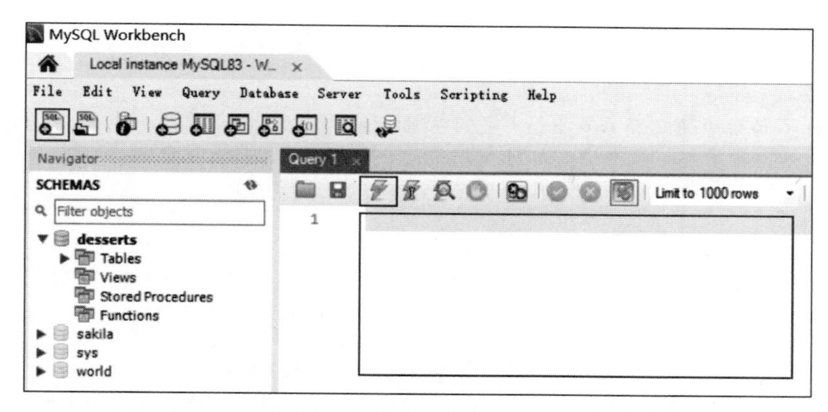

图 4-11　MySQL Workbench 中直接编写和执行 SQL 脚本

者快速构建所需的数据库结构、数据表及导入相应的测试数据。读者可以直接在 MySQL Workbench 工具中执行这些语句。

```
create database desserts;
use desserts;
create table category(
 id int auto_increment primary key,
 name varchar(100) not null,
 descp varchar(500)
);
create table dessert(
 id int auto_increment primary key,
 name varchar(100) not null,
 photoUrl varchar(500),
 price double,
 descp varchar(500),
 release_date date,
 cat_id int references category(id)
);
create table t_user(
  id int auto_increment primary key,
  username varchar(200) not null,                # 登录用户名
  password varchar(200) not null,                # 登录密码
  active int(1) default 1                        # 1 用户可用,0 用户不可用
);
create table t_role(
  id int auto_increment primary key,
  role varchar(200)                              # 角色名
);
create table t_user_role(
  id int auto_increment primary key,
  user_id int references t_user(id),             #引用用户
  role_id int references t_role(id)              #引用角色
```

```
);
insert into category(name, descp)
  values ('传统甜品','精致到不忍下嘴的中国传统甜品,个个都经典'),
        ('凉粉系列','创意凉粉系列,将凉粉这一种民间小吃融入菜肴'),
        ('雪山系列','造型高颜值,口感绵软,越嚼越有嚼劲');

insert into dessert (name, photoUrl, price, descp, release_date, cat_id)
  values ('生磨芝麻糊加黑糯米', '/photo/001.jpg', 15, '满满一碗芝麻糊中央放了一个圆圆的黑糯米球,入口醇香柔滑,满满一口,让人齿颊留香', '2024-02-01', 1),
        ('鲜杂果凉粉(椰汁芒汁)', '/photo/002.jpg', 20, '新鲜水果料足量多,吸引人眼球。如艺术品般令人赞叹的造型,味道也很赞。', '2024-02-03', 2),
        ('生磨芝麻糊加黑糯米', '/photo/003.jpg', 25, '满满一碗芝麻糊中央放了一个圆圆的黑糯米球,入口醇香柔滑,满满一口,让人齿颊留香', '2024-02-05', 1);
insert into dessert (name, photoUrl, price, descp, release_date, cat_id)
 values ('生磨芝麻糊加黑糯米Ⅱ', '/photo/001.jpg', 15, '满满一碗芝麻糊中央放了一个圆圆的黑糯米球,入口醇香柔滑,满满一口,让人齿颊留香', '2024-02-01', 1),
    ('鲜杂果凉粉(椰汁芒汁)Ⅱ', '/photo/002.jpg', 20, '新鲜水果料足量多,吸引人眼球。如艺术品般令人赞叹的造型,味道也很赞。', '2024-02-03', 2),
    ('生磨芝麻糊加黑糯米Ⅱ', '/photo/003.jpg', 25, '满满一碗芝麻糊中央放了一个圆圆的黑糯米球,入口醇香柔滑,满满一口,让人齿颊留香', '2024-02-05', 1);
insert into dessert (name, photoUrl, price, descp, release_date, cat_id)
 values ('生磨芝麻糊加黑糯米Ⅲ', '/photo/001.jpg', 15, '满满一碗芝麻糊中央放了一个圆圆的黑糯米球,入口醇香柔滑,满满一口,让人齿颊留香', '2024-02-01', 1),
    ('鲜杂果凉粉(椰汁芒汁)Ⅲ', '/photo/002.jpg', 20, '新鲜水果料足量多,吸引人眼球。如艺术品般令人赞叹的造型,味道也很赞。', '2024-02-03', 2),
    ('生磨芝麻糊加黑糯米Ⅲ', '/photo/003.jpg', 25, '满满一碗芝麻糊中央放了一个圆圆的黑糯米球,入口醇香柔滑,满满一口,让人齿颊留香', '2024-02-05', 1);

insert into t_user(username,password) values('admin','12345'), ('bob','123');
insert into t_role(role) values('ROLE_admin'), ('ROLE_normal');
insert into t_user_role(user_id, role_id) VALUES (1,1), (2,2);
```

4.2 创建前端 Vue 3 项目

前端 Vue 3 项目创建过程如下所示。

1. 使用 Vite 工具创建 Vue 3 项目

在命令窗口中执行:

```
npm create vite prj-frontend --template vue
```

(1) 出现 Ok to proceed? (y) 提示,按 Enter 键确认。

(2) 出现 Select a framework: ≫- Use arrow-keys. Return to submit 提示,选择 Vue,按 Enter 键确认。

（3）出现 Select a variant:≫ - Use arrow-keys. Return to submit 提示，选择 JavaScript，按 Enter 键确认。

2. 执行如下命令，完成项目依赖包安装

```
cd prj-frontend
npm config set registry https://registry.npmmirror.com
npm install
```

以上 3 行语句具体作用：进入项目目录，切换 npm 安装包镜像源，安装项目依赖包。

3. 执行如下命令，启动项目

```
npm run dev
```

4. 浏览器访问前端 Vue 3 项目，输入 URL 地址

```
http://localhost:5173/
```

5. 用 VSCode 工具打开前端 Vue 3 项目

将 Vue 3 项目文件夹拖动至 VSCode 桌面快捷方式上，将直接打开项目的文件结构，随后即可开始前端 Vue 3 项目的开发工作了，如图 4-12 所示。

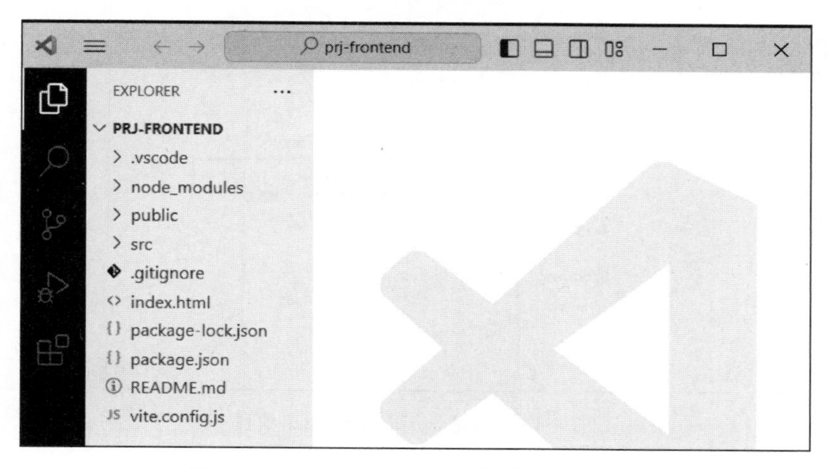

图 4-12　在 VSCode 中打开前端 Vue 3 项目

4.3　创建后端 Spring Boot 项目

使用 IDEA 工具创建后端 Spring Boot 项目，有两种方式：Spring Initializr 方式和 Maven 方式。

4.3.1 Spring Initializr 方式创建 Spring Boot 项目

使用 Spring Initializr 方式创建 Spring Boot 项目，过程如下所示。

1. 创建 Spring Initializr 项目

启动 IDEA 开发工具，选择 File → New → Project 选项打开 New Project 窗口，单击 Spring Initializr 选项以启动 Spring Boot 项目的快速搭建流程。为了优化依赖包的下载速度并避免可能的连接超时问题，应将 Server URL 设置为国内镜像地址（地址详见前言二维码）。然后，输入项目名 prj-backend，选择项目语言为 Java，指定 JDK 和 Java 为本地安装的 17 版本，单击 Next 按钮创建 Spring Initializr 项目，如图 4-13 所示。

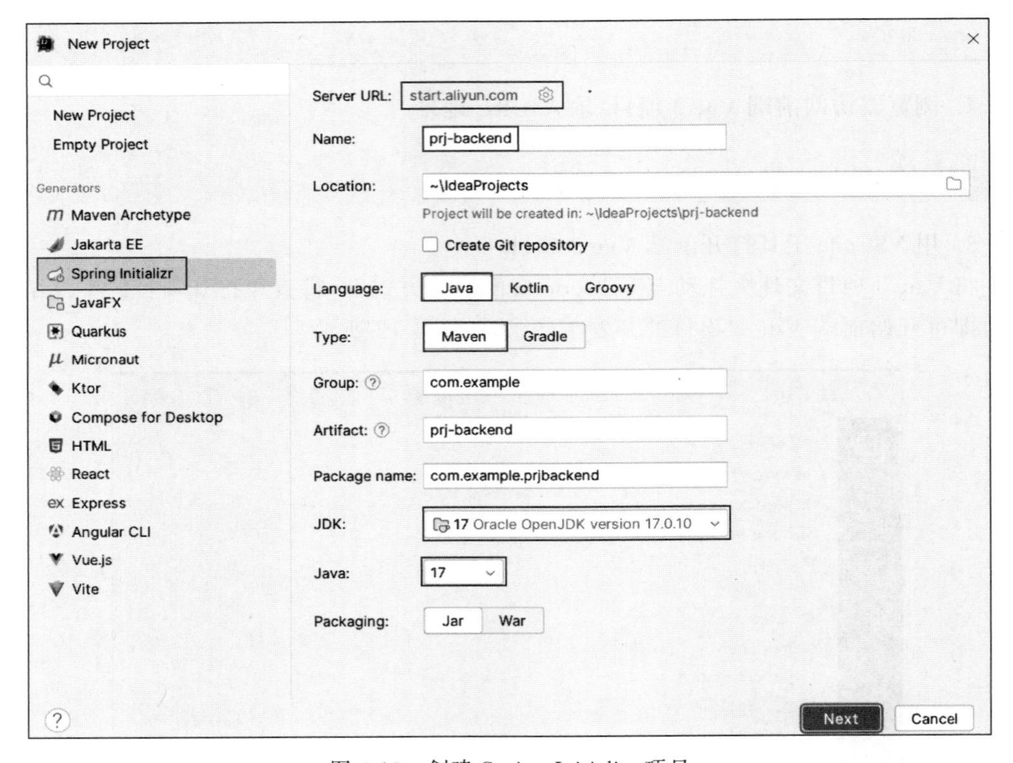

图 4-13　创建 Spring Initializr 项目

选择 Spring Boot 版本（如 3.0.2），选中 Spring Web 依赖包，单击 Create 按钮，如图 4-14 所示。

2. 创建控制器类

先在项目的 src/main/java 目录中创建一个名为 com.example.prjbackend.controller 的 Java 包，再在包内创建控制器器类 HelloController，并在类中编写 index()方法以处理根路径("/")请求。代码如下：

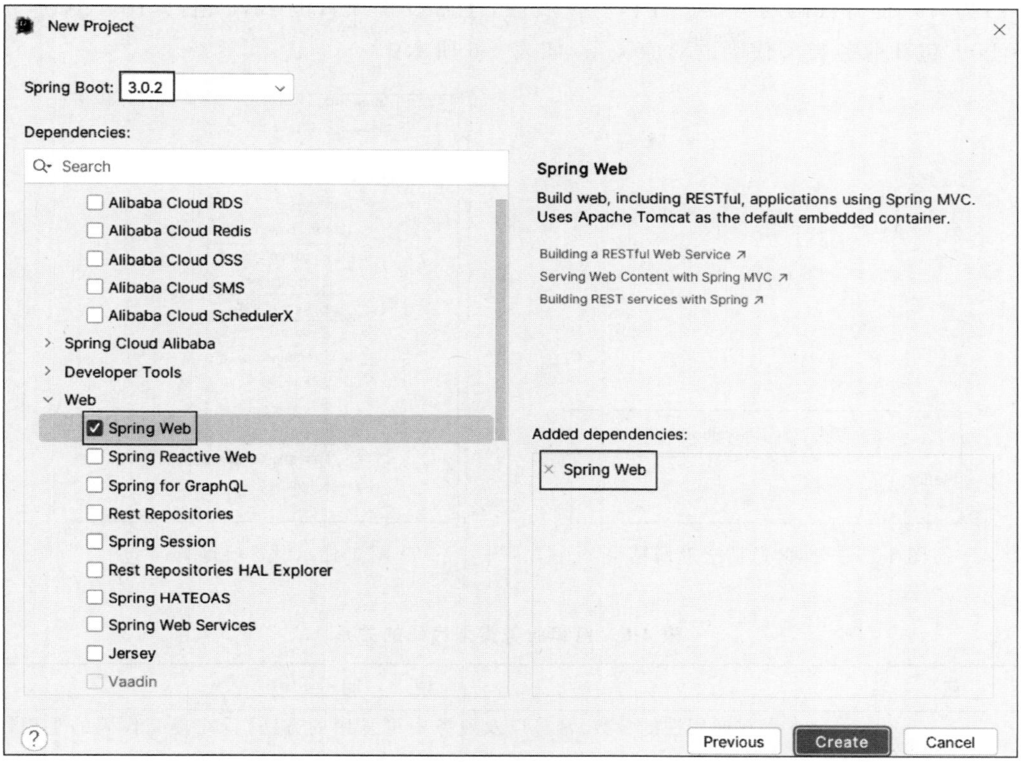

图 4-14 选中 Spring Web 依赖

```
1. @RestController
2. public class HelloController {
3.   @RequestMapping("/")
4.   public String index() {
5.     return "Hello";
6.   }
7. }
```

在该类里，通过第 1 行的@RestController 注解，指定本类承担着 Spring Boot 项目的"控制器"效果；在第 4 行的 index()方法前，通过第 3 行的@RequestMapping 注解，说明 index()方法将接收并处理根路径("/")的 HTTP 请求；而通过第 5 行的代码，说明该方法在收到请求后，将返回"Hello"字符串。

3. 测试项目

在 IDEA 工具中，定位到由 Spring Initializr 自动生成的主程序启动类 PrjBackendApplication，右击该类，选择 Run 选项，可在控制台观察到 Tomcat 服务器的启动信息。打开 Chrome 浏览器，在地址栏输入 http://localhost:8080 访问项目首页，能观察到处理根路径("/")请求的结果，如图 4-15 所示。

为有效提升代码的可维护性和可扩展性,还需设置项目的 Java 包,如图 4-16 所示。各 Java 包和业务类型代码的对应关系,如表 4-6 所示。

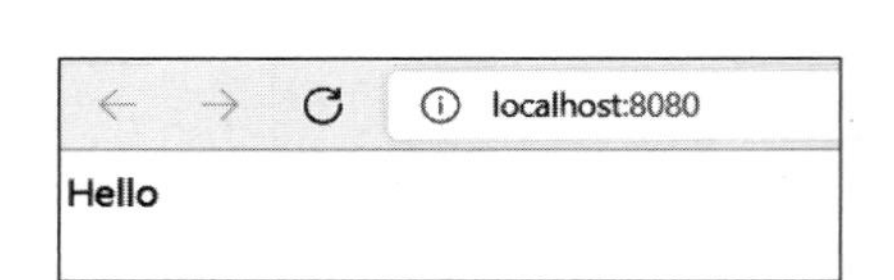

图 4-15 处理"/"请求返回结果

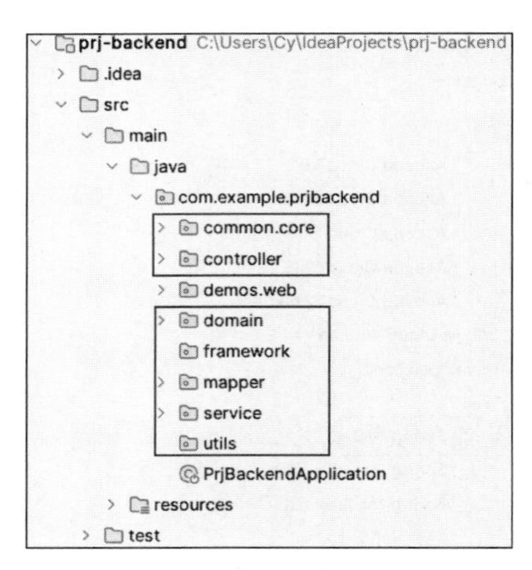

图 4-16 设置项目 Java 包

表 4-6 包和业务类型代码的关系

包　名	说　明
common	存放通用性的参数、常量以及业务中可复用的方法,旨在提高代码的重用性和可维护性
controller	专注于处理外部 HTTP 请求的控制类集合,负责接收请求、调用服务层处理业务逻辑,并返回响应给客户端
domain	包含项目中所有业务相关的实体类,这些类通常与数据库表结构一一对应,用于表示业务数据
framework	存放框架级别的类和组件,这些类和组件不直接参与业务逻辑处理,而是为应用提供底层支持,如数据库访问、缓存管理、安全控制等
mapper	专门用于 MyBatis 框架的 SQL 映射接口,负责将 SQL 语句与数据库表操作映射为对象操作,实现数据的持久化 操作
service	服务层类的集合,是实现具体业务逻辑的核心,它通过调用 DAO(或 Mapper)层访问数据库,处理业务规则,并向上层(如 Controller)提供业务服务
utils	工具类库,包含一系列提供辅助功能的工具类,如字符串处理、日期时间操作、文件操作、安全处理等,这些工具类帮助开发者更高效地完成编程任务

4.3.2 Maven 方式创建 Spring Boot 项目

使用 Spring Initializr 方式来构建 Spring Boot 项目,其本质是通过自动化方式生成包含项目基础结构和依赖项的 Maven 配置文件(pom. xml)。同时,也可以直接用 Maven 方式创建 Java 项目,随后通过编辑 pom. xml 文件手动添加相关依赖项,从而创建符合开发需求的 Spring Boot 项目。Maven 方式提供了更大的灵活性和定制性,允许精确地控制项目中的依赖和配置，本书案例的后端项目使用 Maven 方式创建。

1. Maven 方式创建 Java 项目

启动 IDEA 开发工具后，依此选择 File → New → Project 选项来打开 New Project 窗口，在创建项目窗口左侧栏中选定 Maven Archetype，即将项目的基础模板设定为标准的 Maven 项目架构，如图 4-17 所示。

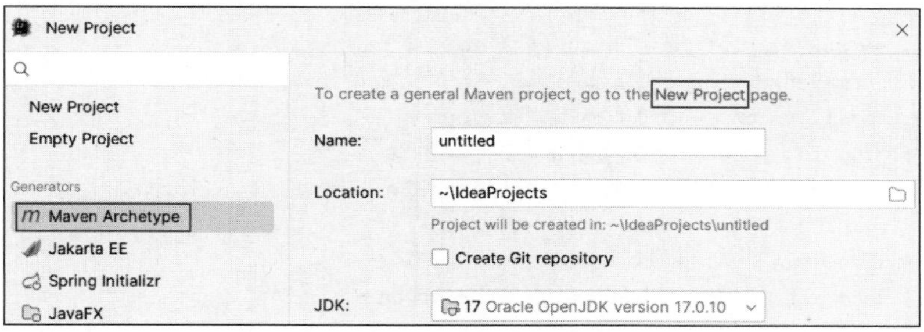

New Project
New Project
Empty Project
Generators
Maven Archetype
Jakarta EE
Spring Initializr
JavaFX
To create a general Maven project, go to the New Project page.
Name: untitled
Location: ~\IdeaProjects
Project will be created in: ~\IdeaProjects\untitled
Create Git repository
JDK: 17 Oracle OpenJDK version 17.0.10

图 4-17　创建 Maven 项目

在创建项目窗体中，输入 Name(项目名)为 prj-backend2，选择 Language(项目语言)为 Java，选择 Build system(构建系统)为 Maven，设置 JDK 版本为 17(本地安装版本)，单击 Create 按钮完成 Spring Boot 项目的创建，如图 4-18 所示。

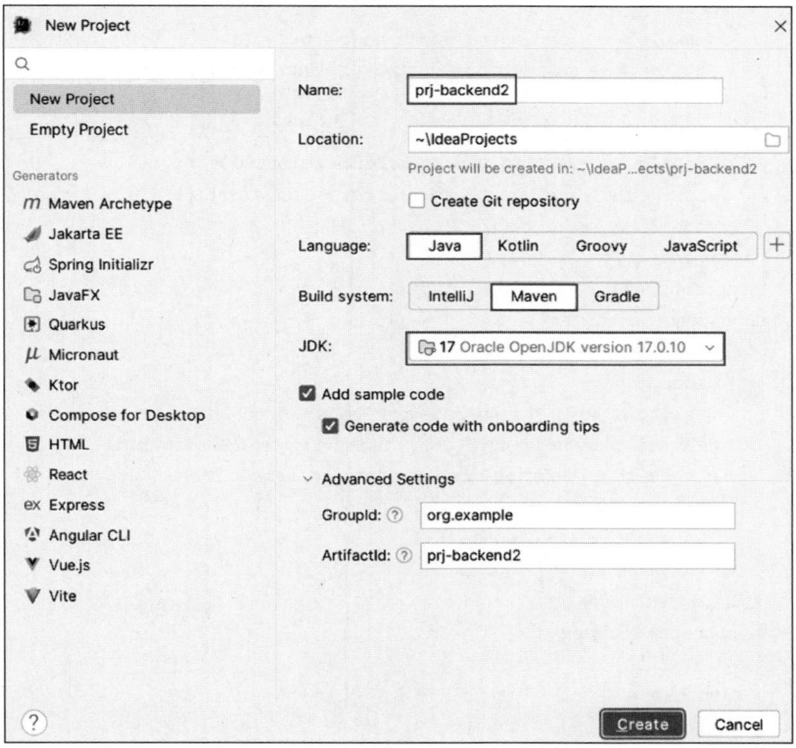

New Project
New Project
Empty Project
Generators
Maven Archetype
Jakarta EE
Spring Initializr
JavaFX
Quarkus
Micronaut
Ktor
Compose for Desktop
HTML
React
Express
Angular CLI
Vue.js
Vite
Name: prj-backend2
Location: ~\IdeaProjects
Project will be created in: ~\IdeaP...ects\prj-backend2
Create Git repository
Language: Java Kotlin Groovy JavaScript +
Build system: IntelliJ Maven Gradle
JDK: 17 Oracle OpenJDK version 17.0.10
Add sample code
Generate code with onboarding tips
Advanced Settings
GroupId: org.example
ArtifactId: prj-backend2
Create Cancel

图 4-18　创建 Spring Boot 项目

2. 通过 pom.xml 文件引入依赖包

在成功创建 Maven 项目之后，紧接着的关键步骤是编辑 pom.xml 文件，用以声明和管理该项目所需的依赖包。以下是相关配置的代码示例：

```
1. <?xml version = "1.0" encoding = "UTF - 8"?>
2. < project xmlns = "http://maven.apache.org/POM/4.0.0"
3. xmlns:xsi = "http://www.w3.org/2001/XMLSchema - instance"
4.      xsi:schemaLocation = "http://maven.apache.org/POM/4.0.0
5. https://maven.apache.org/xsd/maven - 4.0.0.xsd">
6.     < modelVersion > 4.0.0 </modelVersion >
7.     < groupId > com.example </groupId >
8.     < artifactId > prj - backend </artifactId >
9.     < version > 0.0.1 - SNAPSHOT </version >
10.    < name > prj - backend </name >
11.    < description > prj - backend </description >
12.    < properties >
13.     < java.version > 17 </java.version >
14.     < project.build.sourceEncoding > UTF - 8 </project.build.sourceEncoding >
15.     < project.reporting.outputEncoding > UTF - 8 </project.reporting.outputEncoding >
16.     < spring - boot.version > 3.0.2 </spring - boot.version >
17.    </properties >
18.    < dependencies >
19.      < dependency >
20.        < groupId > org.springframework.boot </groupId >
21.        < artifactId > spring - boot - starter - web </artifactId >
22.      </dependency >
23.      < dependency >
24.        < groupId > org.springframework.boot </groupId >
25.        < artifactId > spring - boot - starter - test </artifactId >
26.        < scope > test </scope >
27.       </dependency >
28.    </dependencies >
29.    < dependencyManagement >
30.      < dependencies >
31.        < dependency >
32.          < groupId > org.springframework.boot </groupId >
33.          < artifactId > spring - boot - dependencies </artifactId >
34.          < version > $ {spring - boot.version}</version >
35.          < type > pom </type >
36.          < scope > import </scope >
37.        </dependency >
38.      </dependencies >
39.    </dependencyManagement >
40.    < build >
41.      < plugins >
42.        < plugin >
```

```
43.            <groupId>org.apache.maven.plugins</groupId>
44.            <artifactId>maven-compiler-plugin</artifactId>
45.            <version>3.8.1</version>
46.            <configuration>
47.              <source>17</source>
48.              <target>17</target>
49.              <encoding>UTF-8</encoding>
50.            </configuration>
51.          </plugin>
52.          <plugin>
53.            <groupId>org.springframework.boot</groupId>
54.            <artifactId>spring-boot-maven-plugin</artifactId>
55.            <version>${spring-boot.version}</version>
56.            <configuration>
57.              <mainClass>
58.               com.example.prjbackend.PrjBackendApplication
59.              </mainClass>
60.              <skip>true</skip>
61.            </configuration>
62.            <executions>
63.              <execution>
64.                <id>repackage</id>
65.                <goals>
66.                  <goal>repackage</goal>
67.                </goals>
68.              </execution>
69.            </executions>
70.          </plugin>
71.        </plugins>
72.      </build>
73. </project>
```

上述 pom.xml 文件实际上可通过 Spring Initializr 工具在构建 Spring Boot 项目时自动生成，然后复制过来即可。该文件在指定范围内（如第 18 行～38 行），利用<dependency>元素明确列出本项目所需的各个依赖包。这些依赖包的精确坐标值（包括 groupId、artifactId 和 version 等）可通过访问 Maven 中央仓库的在线资源进行查询和获取。

3. 在 settings.xml 文件中设置 Maven 镜像

在网络访问 Maven 中央仓库速度受限的情况下，可以配置 Maven 的国内镜像源来加速依赖包的下载。首先，从 Maven 安装目录的 config 文件夹中复制 settings.xml 文件至用户目录下的.m2 文件夹（如 C:\Users\cy\.m2）中；然后，使用文本编辑器打开该 settings.xml 文件，找到<mirrors>元素，并在其内部添加一个新的<mirror>节点。用这个<mirror>节点指定 Maven 国内镜像服务器地址和相关信息。settings.xml 编辑后的核心代码如下：

```
1. <?xml version = "1.0" encoding = "UTF - 8"?>
2. < settings xmlns = "http://maven.apache.org/SETTINGS/1.0.0" xmlns:xsi = "http://www.w3.org/2001/XMLSchema - instance" xsi:schemaLocation = "http://maven.apache.org/SETTINGS/1.0.0 http://maven.apache.org/xsd/settings - 1.0.0.xsd">
3.   < mirrors >
4.    < mirror >
5.    < id > aliyunmaven </id >
6.    < mirrorOf > * </mirrorOf >
7.    < name >阿里云公共仓库</name >
8.    < url > https://maven.aliyun.com/repository/public </url >
9.    </mirror >
10.   </mirrors >
11. </settings >
```

其中第 4～9 行代码，插入了国内阿里云 Maven 镜像的配置，可确保项目依赖包能够直接从阿里云 Maven 镜像源高效下载。

4. IDEA 中设置 settings.xml 文件位置

打开 IDEA 工具，单击菜单栏中的 File，选择 Settings 选项。

在设置窗口中，导航至 Build, Execution, Deployment 类别，并展开该类别下的 Build Tools，接着单击 Maven 选项，在右侧 Maven 配置窗口中，将 Maven home path（Maven 根路径）设置为 IDEA 内置的 Maven 版本 Bundled（Maven 3）。然后，在 User settings file 输入框中，指定 Maven 配置文件 settings.xml 的路径（如 c:\Users\cy\.m2\settings.xml，注意确保其内正确配置了国内镜像源），如图 4-19 所示。

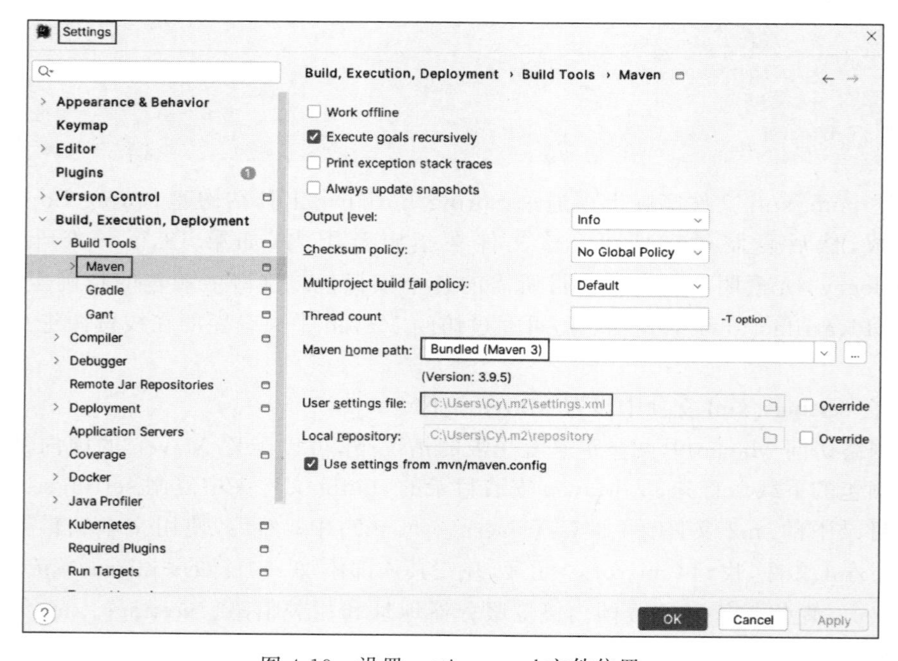

图 4-19　设置 settings.xml 文件位置

5. 编写项目启动类

在 Spring Boot 项目中，标准的做法是通过定义一个包含@SpringBootApplication 注解的启动类（也称为主类）来初始化并启动整个应用。此类一般被置于项目的特定包路径下（如 org. example），并习惯性地命名为 SpringBootApp，相关代码如下：

```
1. package org.example;
2. import org.springframework.boot.SpringApplication
3. import org.springframework.boot.autoconfigure.SpringBootApplication;
4.
5. @SpringBootApplication
6. public class SpringBootApp {
7.   public static void main(String[] args) {
8.       SpringApplication.run(SpringBootApp.class, args);
9.   }
10. }
```

其中第 5 行代码，通过@SpringBootApplication 注解的引入，明确地将随后第 6～10 行定义的 SpringBootApp 类指定为 Spring Boot 项目的核心启动类。

第 8 行代码，通过调用 SpringApplication. run()方法并传入 SpringBootApp. class 作为参数来启动项目，这里的参数名 SpringBootApp. class 必须与启动类（即@SpringBootApplication 注解所标注的类）的名称完全匹配。

6. 创建控制器类

先在项目的 src/main/java 目录中创建一个名为 com. example. prjbackend. controller 的 Java 包，再在包内创建控制器类 HelloController，并在类中定义一个 index()方法以处理对根路径("/")的 HTTP 请求，代码如下：

```
1. @RestController
2. public class HelloController {
3.     @RequestMapping("/")
4.     public String index() {
5.         return "Hello";
6.     }
7. }
```

7. 测试项目

在 IDEA 开发工具中，右击启动类 SpringBootApp，在快捷菜单中单击 Run 选项执行应用，控制台可观察到 Tomcat 服务器的启动信息。然后，打开浏览器，并在地址栏输入 http://localhost:8080 访问项目的首页，可以观察到处理根路径("/")请求的结果，如图 4-20 所示。

最后，为了优化代码的可维护性和可扩展性，强烈建议采用如图 4-16 所示的 Java 包结构来组织本书 Spring Boot 后端项目。

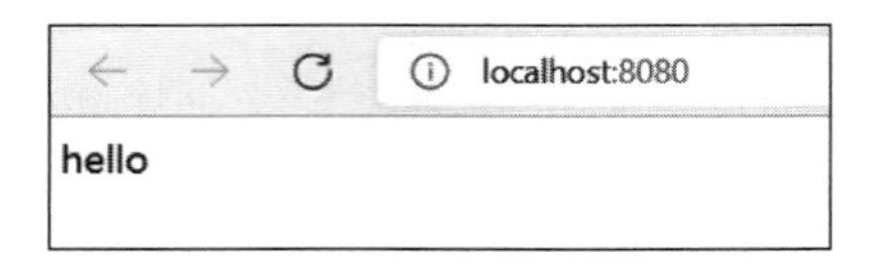

图 4-20 “/”请求返回结果

此外，在未来的项目开发时，可利用以上已构建完成的项目框架，直接在其基础上进行必要的功能扩展与定制开发即可。

4.3.3 部署图片资源

为支持项目中的甜点图片显示，可在项目中添加一些测试用的图片文件，如图 4-21 所示。

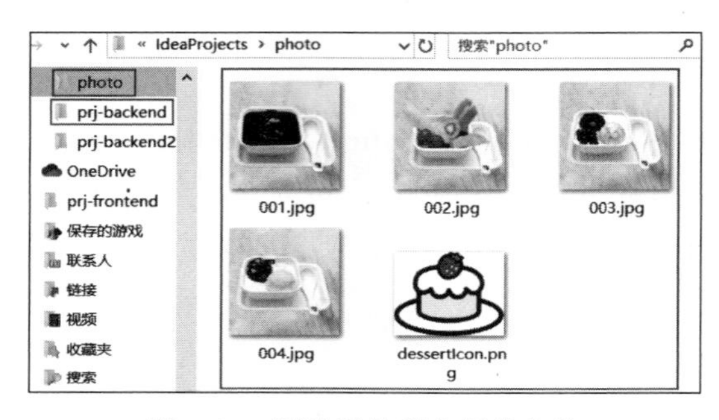

图 4-21 测试用的甜点图片文件

在开发过程中，可以将测试图片及 photo 目录复制到项目的 src/main/resources/static 目录下，以便 Spring Boot 在开发环境中能够直接服务这些静态资源。然而，当 Spring Boot 项目被打包成.jar 文件并部署时，由于.jar 文件的不可变性，访问图片将变得不再可行。

为了在实际部署环境中处理静态图片文件，此处推荐的做法是：将 photo 目录放置在与项目相同的父目录中(见图 4-21)，然后编写一个 WebMvcConfigurer 配置类，设置映射，将 photo 目录中的本地文件映射为特定的 URL 来实现。

在项目的 src/main/java 目录中创建 com.example.prjbackend.framework.web 包，在包中再创建配置类 WebMvcConfigurer，代码如下：

```
1. package com.example.prjbackend.framework.web;
2. import org.springframework.context.annotation.Configuration;
3. import org.springframework.web.servlet.config.annotation.EnableWebMvc;
4. import org.springframework.web.servlet.config.annotation.ResourceHandlerRegistry;
5. import org.springframework.web.servlet.config.annotation.WebMvcConfigurer;
6. @Configuration
7. @EnableWebMvc                                    //重写 MVC 的默认设置
8. public class MVCConfig implements WebMvcConfigurer {
```

```
 9.     //配置本地文件映射到 URL 上
10.     @Override
11.     public void addResourceHandlers(ResourceHandlerRegistry registry) {
12.       registry.addResourceHandler("/photo/**").          //修改 web 应用的虚拟映射
13.           addResourceLocations("file:../photo/");        //定义图片存放路径
14.     }
15. }
```

其中第12～13行代码，将本地“../photo/”目录映射到Web应用的URL"/photo/"上。

接下来执行图片文件的URL映射验证：启动Spring Boot项目，用Chrome浏览器访问http://localhost:8080/photo/001.jpg资源，若部署图片资源成功，则将显示如图4-22所示的成功结果。

图4-22 部署图片资源后成功显示映射图片

4.4 练习

针对已明确了系统整体功能需求的“员工管理系统”，着手进行数据库的设计及前后端项目架构的构建。

1. 进行数据库设计

参考3.4节练习所获得的整体功能需求和界面设计结果，设计相应的数据库结构。

2. 创建前端Vue 3项目框架

使用Vite工具创建Vue 3项目。完成项目依赖包安装，启动项目，用VSCode工具打开Vue 3项目等。

3. 创建后端Spring Boot项目框架

在IDEA工具中，用Maven方式创建Java项目。完成pom文件引入Spring Boot项目所需依赖，编写项目启动类，创建控制器类，部署图片资源等操作。

实践项目整体布局

在 Vue 3 前端项目开发中，可以利用 Element Plus 组件库设计应用的整体布局。通过安装并配置 vue-router 路由模块，实现在布局页面上 Vue 组件之间的平滑无缝切换。

5.1 集成 Element Plus 组件库

Element Plus 是一个专为 Vue 3 设计的 UI 组件库，旨在简化 Web 应用程序界面的开发。它提供了包括如按钮、输入框、表格等 70 多个前端元素组件，通过使用 Element Plus 组件库，开发者能高效地构建出前端页面布局。

按照以下步骤，可在前端 Vue 3 项目中安装 Element Plus。

5.1.1 安装 Element Plus

安装 Element Plus 非常简单，只需为项目添加 Element Plus 相关依赖即可，过程如下。

用 VSCode 工具打开前端 Vue 3 项目 prj-frontend。单击菜单栏中的 Terminal 选项，并选取 New Terminal 节点来启动一个终端窗口。在终端窗口中，用 cd 命令切换到项目所在目录后，执行以下命令：

```
npm install element - plus -- save
```

此命令将自动从 npm 源下载并安装 Element Plus 组件库。此外，--save 参数会将 Element Plus 库的依赖项信息添加到项目的 package. json 文件中，以便于后续管理和依赖跟踪。package. json 文件中的相关依赖信息如下：

```
1.  "dependencies": {
2.    "element - plus": "^2.5.5",
3.    "vue": "^3.3.11"
4.  }
```

代码的第2行，指定项目将使用element-plus这个依赖库，并且版本号为^2.5.5。"^"符号在这里表示允许安装高于2.5.5但不改变主版本号的最新版本。也就是说，如果2.6.0、2.6.1等版本被发布，npm在安装时会选择这些版本中的最新版本，但不会选择3.0.0或更高版本，以免不兼容问题的发生。

5.1.2 注册 Element Plus

1. 项目中导入和注册 Element Plus 组件库

在main.js文件中，添加如下代码：

```
1. import { createApp } from 'vue'
2. import App from './App.vue'
3. import ElementPlus from 'element-plus';                 // 导入 Element Plus
4. import 'element-plus/lib/theme-chalk/index.css';  // 导入 Element Plus 样式表
5.
6. const app = createApp(App)
7. app.use(ElementPlus);                                 // 注册 Element Plus
8. app.mount('#app')
```

其中第3～4行代码，分别实现了Element Plus库的导入以及对应样式表的加载。第6～7行代码，通过调用createApp()函数创建了Vue应用实例，然后使用app.use()方法注册了Element Plus库，使其能够在整个Vue应用中被使用。

2. 测试 Element Plus 组件

修改App.vue文件，以显示Element Plus的组件。在template标签中添加以下代码：

```
<el-button type="danger">Element Plus 按钮</el-button>
```

注意：如需了解Element Plus的更多组件详情，请访问其官方网站。

然后，重新编译和运行项目，在命令窗口中运行以下命令：

```
npm run dev
```

使用浏览器访问http://localhost:5173，若看到一个带有Element Plus按钮的页面，则说明前端Vue 3项目配置Element Plus成功，如图5-1所示。

图5-1　Vue 3项目配置Element Plus成功

5.2 实施路由配置和单页布局

路由机制可视为一种映射体系，其核心在于将多个 URL 地址与相应的视图组件相关联。在 Vue 3 前端开发项目中，通过 vue-router 模块配置路由，App. vue 入口就能够依据当前 URL 来动态加载并渲染相应的 Vue 组件，从而实现单页应用(Single Page Application，SPA)的流畅导航与界面无缝切换。

针对实践项目，可遵循以下步骤实施。

5.2.1 路由配置

1. 安装配置路由模块 vue-router

Vue Router 是 Vue 官方路由管理器。Vue-router 安装到项目中后，构建单页面应用将变得更为容易。

用 VSCode 打开前端 Vue 3 项目 prj-frontend。单击菜单栏中的 Terminal 选项，并选取 New Terminal 节点来启动一个终端窗口。在终端窗口中，用 cd 命令切换到项目所在目录后，执行以下命令：

```
npm install vue - router
```

此命令将自动从 npm 源下载并安装 vue-router 组件。

2. 创建 Vue 组件

在项目的 src/views 目录下，创建 4 个用于切换功能界面的 Vue 组件：Category. vue(分类管理)、Dessert. vue(甜点管理)、Home. vue(默认主界面)和 Register. vue(注册)，如图 5-2 所示。

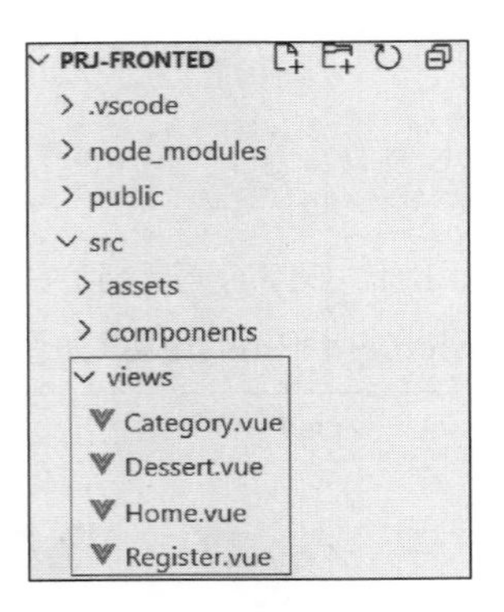

图 5-2 创建 4 个 Vue 组件

Home. vue 组件作为实践项目的默认显示页面，在 Vue 3 应用程序启动时即被渲染显示，其代码实现如下：

```
1. <template>
2.   <div class="bg-img"></div>
3. </template>
4.
5. <script setup>
6. </script>
7.
8. <style scoped>
9.   .bg-img{
10.    width:100%; height: 100%;
11.    background: url('../../public/img/bg.jpeg');
12.    background-size: 100% 100%;
13.    opacity: 0.7;
14.  }
15. </style>
```

注意：读者可以自制背景图 bg.jpeg，并将其放置到 public/img 目录中。第 9～14 行代码，则设置了该背景图的显示样式。

Category.vue、Dessert.vue、Register.vue 组件内容可暂时做简单处理，代码如下：

```
1. <template>
2.   <div></div>
3. </template>
4. <script setup>
5. </script>
6. <style scoped>
7. </style>
```

为区别 3 个 Vue 组件，可分别在第 2 行代码 div 标签中写入文字：甜点分类、甜点信息、用户注册。

3. 设置 vue-router 路由

在项目的 src/router 目录下，创建路由文件 index.js，代码如下：

```
1. import {createRouter,createWebHistory} from 'vue-router'
2. import Register from "../views/Register.vue"
3. import Category from "../views/Category.vue"
4. import Dessertfrom "../views/Dessert.vue"
5. // 路由规则，定义 URL 地址与组件之间的对应关系
6. const routes = [
7.   { path: '/', name:'Home', component: () => import('../views/Home.vue') },
8.   { path: '/Register', name:'Register', component:Register },
9.   { path: '/Category', name:'Category', component:Category },
10.  { path: '/Dessert', name:'Dessert', component:Dessert },
11. ]
12. const router = createRouter({
```

```
13.    history: createWebHistory(),
14.    routes: routes
15. })
16. export default router
```

对上述代码，具体说明如下。

第1行，导入了路由管理器Vue Router的两个资源：createRouter和createWebHistory，在后续的路由设置中将使用到这两个资源。

第2～4行，分别导入3个先前定义的Vue组件。

第6～11行，设置4个路由规则，每个规则都映射到一个特定的Vue组件。当用户访问指定的path时，将渲染对应的Vue组件。例如，当用户访问“/Register”路径时，系统将动态加载并渲染Register.vue组件。其中，第7行与第8～10行不同，使用了动态import()语法，以实现组件的按需加载。

第13行，设置Vue路由模式。Vue Router支持Hash和History两种模式，这里选择了History模式，以便更贴近传统Web开发中的URL结构。History模式利用浏览器的History API来管理URL，使得用户在导航到不同资源时，实际切换到不同的Vue组件，无须刷新整个页面，从而提供了更为流畅的用户体验。而Hash模式，则是通过URL中的hash(#)部分来模拟一个完整的URL，从而触发前端路由的跳转。然而，Hash模式的一个显著缺点是URL中带有“#”号，这不符合传统Web开发中URL的直观性和美观性，也可能对SEO(搜索引擎优化)产生不利影响。

第16行，用export关键字导出以上所设置的路由。

4. 为应用指定路由

在页面入口文件main.js中指定路由，代码如下：

```
 1. import { createApp } from 'vue'
 2. import App from './App.vue'
 3. import ElementPlus from 'element-plus'                  // 导入 Element Plus
 4. import 'element-plus/theme-chalk/index.css'             // 导入 Element Plus 样式表
 5.
 6. import router from "./router/index"                     // 导入路由
 7.
 8. const app = createApp(App)
 9. app.use(ElementPlus)                                    // 注册 Element Plus
10. app.use(router)                                         // 为应用指定路由
11. app.mount('#app')
```

其中，第6行代码为导入自定义的路由；第10行代码为Vue应用指定了路由。

5.2.2 单页布局

修改Vue 3项目的根组件文件App.vue，代码如下：

```
1. < script setup >
2.   document.title = "甜点信息管理系统";
3. </script >
4. <! -- 页面布局 -- >
5. < template >
6.   < div class = "common - layout">
7.    < el - container >
8.      < el - header >
9.       甜点信息管理系统
10.      < div id = "loginOut">
11.        < el - button type = "text"
12.         @click = "handleLogin">< img src = "../public/img/login.png">登录</el - button >
13.        欢迎^^< el - button type = "text"
14.        @click = "handleLogout">< img src = "../public/img/logout.png">退出</el - button >
15.      </div >
16.     </el - header >
17.     < div class = "common - layout">
18.      < el - container >
19.        < el - aside width = "200px">
20.         < router - link to = "/Register" class = "nav - link module">用户注册</router -
link >
21.         < router - link to = "/Category" class = "nav - link module">分类管理</router -
link >
22.         < router - link to = "/Dessert" class = "nav - link module">甜点管理</router - link >
23.        </el - aside >
24.        < el - main >< router - view /></el - main >
25.      </el - container >
26.     </div >
27.     < el - footer > Copyright © 2024 </el - footer >
28.    </el - container >
29.   </div >
30. </template >
31.
32. < style scoped >
33. body{margin:0; font - family: 微软雅黑;}
34. header,footer{ width:1000px;height: 40px; background: slateblue;text - align: center;
line - height:40px;
35.   color: azure; position: relative;}
36. #loginOut{position: absolute;right:3px;top:0px;}
37. #loginOut .el - button -- text{background - color: transparent;color:white;font -
size:15px;}
38. #loginOut img{ width: 15px; }
39. aside{width: 100px; height: 640px; background: #a6a6a6;padding - top: 20px;}
40. .module{ text - decoration: none; background: black; color:white;
41.   display: block;   margin: 8px auto;   width: 80 % ;
42.   height: 35px; line - height: 35px; text - align: center; border - radius: 5px;}
43. .module:hover{ box - shadow: 3px 3px 3px}
44. </style >
```

其中代码的第 2 行,设置了页面的 title 信息。

第 5～30 行,参考 Element Plus 官网中常见的页面布局文档(component/container.

html)，进行了前端项目整体页面的布局，并在此基础上，增加了相应的功能操作按钮，单击这些按钮将切换到 Vue 组件上，显示相应的功能模块界面。

接下来进行布局效果测试：执行 npm run dev 命令启动 Vue 应用，通过 Chrome 浏览器访问 http://localhost:5173，此时访问的是根路径("/")资源，而在页面主体部分上显示的则是 Home. vue 组件的渲染效果，如图 5-3 所示。

图 5-3 访问根路径("/")显示 Home. vue 组件渲染效果

单击左侧栏"用户注册"按钮后，页面将导航至"/Register"路径，而实际会显示 Register. vue 组件信息"用户注册"，如图 5-4 所示。

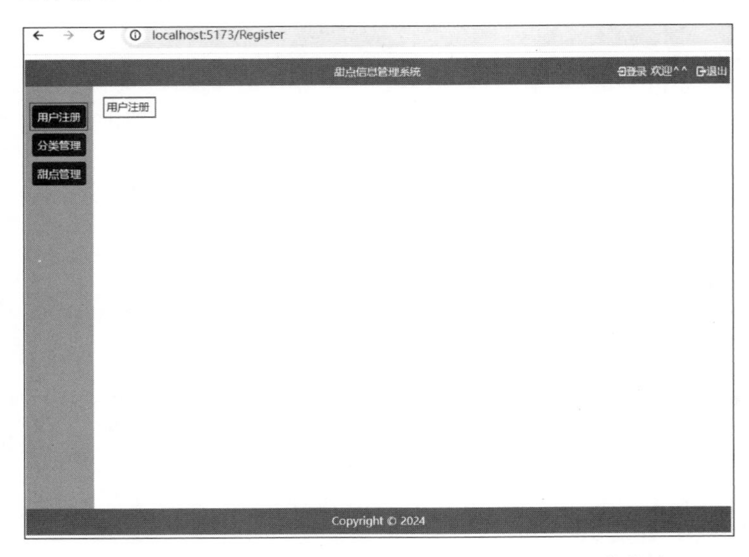

图 5-4 访问路径"/Register"显示 Register. vue 组件信息

继续单击左侧栏“分类管理”，将呈现 Category. vue 组件信息“甜点分类”；单击左侧栏“甜点管理”，将呈现 Dessert. vue 组件的“甜点信息”。

至此，实践项目的整体布局设计已顺利完成。

5.3 练习

试为“员工管理系统”项目实现整体布局。

(1) 集成 Element Plus。

在“员工管理系统”前端 Vue 3 项目中，安装和添加 Element Plus 组件，并在 main. js 文件中导入和注册 Element Plus 组件库。

(2) 实施路由配置。

将练习 3.4 中设计界面转化为 Vue 组件；安装配置路由模块 vue-router；设置 vue-router 路由；为 Vue 应用指定路由。

(3) 设计单页布局。

修改 Vue 3 项目的根组件文件 App. vue，按需求设计单页布局。

第 6 章

分类管理模块实现

本章聚焦于分类信息的新增、列表显示、编辑以及删除功能的实现，并在此过程中对项目的代码结构进行必要的优化处理。

视频讲解

6.1 分类新增

分类新增功能实现过程，涉及 Spring Boot 后端实现和 Vue 3 前端实现。在确认基本功能达到预期效果后，需对前端和后端代码结构进行必要的优化，这些优化有益于项目的后续开发、部署和维护。

6.1.1 后端实现

为实现分类信息的新增功能，在后端项目中，分别创建与新增功能相关的实体类 Category、控制器类 CategoryController、服务类 CategoryService 以及 Mapper 接口 CategoryMapper，并编写相关的处理方法。具体过程如下所示。

1. 创建实体类 Category

为便于接收前端 Post 请求中的分类信息，可在后端项目 domain 包中创建 Category 实体类，代码如下：

```
package com.example.prjbackend.domain;
public class Category {
  Long id;
  String name;
  String descp;

  public Long getId() {
    return id;
  }
  public void setId(Long id) {
    this.id = id;
  }
  public String getName() {
```

```
      return name;
    }
    public void setName(String name) {
      this.name = name;
    }
    public String getDescp() {
      return descp;
    }
    public void setDescp(String descp) {
      this.descp = descp;
    }
}
```

在项目开发中，为了简化代码提高开发效率，通常使用 Lombok 插件的@Data 注解来自动生成 get()和 set()方法。为此，可在后端项目的 pom.xml 文件中配置相应的 Lombok 依赖，代码如下：

```
<dependency>
  <groupId>org.projectlombok</groupId>
  <artifactId>lombok</artifactId>
</dependency>
```

Maven 加载 Lombok 插件后，在 Category 实体类上应用@Data 注解，即可实现对原有代码的有效简化。代码如下：

```
package com.example.prjbackend.domain;
import lombok.Data;
@Data
public class Category {
  Long id;
  String name;
  String descp;
}
```

2. 创建控制器类 CategoryController

在 controller 包中创建控制器类 CategoryController，编写 add()方法，用以接收新增分类信息，代码如下：

```
1. package com.example.prjbackend.controller;
2. import com.example.prjbackend.domain.Category;
3. import org.springframework.beans.factory.annotation.Autowired;
4. import org.springframework.web.bind.annotation.PostMapping;
5. @CrossOrigin
6. @RestController
```

```
 7. @RequestMapping("/category")
 8. public class CategoryController extends BaseController{
 9.     @Autowired
10.     CategoryService categoryService;
11.
12.     @PostMapping
13.     public AjaxResult add(@RequestBody Category category) {
14.         return toAjax(categoryService.add(category));
15.     }
16. }
```

其中代码的第5行，使用@CrossOrigin注解来启用跨域资源共享，以避免Vue 3前端在访问后端API(Controller的方法)时出现如下所示的跨域错误：

```
Access to XMLHttpRequest at 'http://localhost:8080/category' from origin 'http://localhost:
5173' has been blocked by CORS policy。
```

第6行，用@RestController注解标识CategoryController是一个控制器类，此类中的方法默认会将返回的数据直接作为HTTP响应体返回给客户端。本案例后端开发遵循RESTful API规范，通过AJAX请求与前端进行通信，并返回JSON格式的数据。因此，选择@RestController注解来简化开发流程。

第7行，通过在CategoryController类上标注@RequestMapping("/category")注解，则访问以"/category"为前缀的URL时，请求将被路由至该类进行处理。结合该类中各种方法上的具体路径注解(如@GetMapping("/list"))，将共同组成完整的访问路径(如/category/list)，从而映射到相应的方法上进行处理。

第8行，控制器类CategoryController继承自控制器基类BaseController。BaseController类位于common.core.controller包中，旨在处理Web层的通用数据逻辑，包括分页数据处理以及统一响应结果的生成等。对于初学者而言，理解BaseController类的功能并能在项目中应用即可。

第9行，利用@Autowired注解实现了categoryService属性的依赖注入：通过Spring框架的自动装配机制，将对应的Bean实例注入当前CategoryController类中。

第13～15行，实现了对Post请求中携带对象category的处理。通过调用已装配对象categoryService的add()方法，完成了对category的新增操作，并返回相应的AJAX结果至前端做后续处理。

3. 创建服务类CategoryService

在service包中创建分类服务类CategoryService，在服务类中用add()方法处理新增功能，代码如下：

```
1. package com.example.prjbackend.service;
2. import org.springframework.beans.factory.annotation.Autowired;
```

```
3. import com.example.prjbackend.domain.Category;
4. import org.springframework.stereotype.Service;
5. @Service
6. public class CategoryService {
7.   @Autowired
8.   private CategoryMapper categoryMapper;
9.   public int add(Category category) {
10.     return categoryMapper.insert(category);
11.   }
12. }
```

其中代码的第5行，用@Service注解将CategoryService类标识为一个服务类，这意味着在Spring应用启动时，Spring容器会自动检测并加载这个类，将其实例化为一个Spring管理的Bean，以便在应用程序的其他部分中通过依赖注入等方式进行使用。

第7行，通过@Autowired注解实现了categoryMapper属性的自动装配，即Spring容器会查找并注入与categoryMapper属性类型相匹配的Bean实例。

第9～12行，定义了一个新增方法add()。该方法通过调用已装配对象categoryMapper的insert()方法，完成了数据的实际新增操作。该方法返回一个int类型的值，表示该操作所影响的记录数。

4. 创建Mapper接口CategoryMapper

(1) 引入数据库交互依赖包。

为了增强与MySQL数据库desserts的交互能力，在pom.xml文件中添加MySQL JDBC驱动和MyBatis框架的依赖项，这些依赖项支持数据库的连接与操作，以及ORM(对象关系映射)机制，从而简化数据库访问层的设计与开发。以下是相应的依赖配置：

```
<dependency>
  <groupId>com.mysql</groupId>
  <artifactId>mysql-connector-j</artifactId>
  <scope>runtime</scope>
</dependency>
<dependency>
  <groupId>org.mybatis.spring.boot</groupId>
  <artifactId>mybatis-spring-boot-starter</artifactId>
  <version>3.0.0</version>
</dependency>
```

注意：为了保证与Spring Boot 3版本的全面兼容性，推荐使用mybatis-spring-boot-starter框架的3.0.0或更新版本，以确保应用的顺利运行与集成。

(2) 配置数据库连接参数。

打开项目的src/main/resources目录，编辑项目的主配置文件application.properties，代码如下：

```
1. spring.datasource.url = jdbc:mysql://localhost:3306/desserts?characterEncoding =
   utf8&autoReconnect = true&useSSL = false&allowPublicKeyRetrieval = true
2. spring.datasource.username = root
3. spring.datasource.password = 123456
4. mybatis.configuration.log - impl = org.apache.ibatis.logging.stdout.StdOutImpl
```

第1～3行代码，配置了与MySQL数据库desserts的连接参数：使用了root账号和123456密码进行身份验证，以建立对desserts数据库的连接。

第4行代码，配置了MyBatis的日志参数：MyBatis框架在运行时，会把执行的SQL语句输出到控制台，以便开发者进行调试与性能分析。

(3) 创建Mapper接口CategoryMapper

创建Mapper接口CategoryMapper，用于与数据库进行交互，代码如下：

```
1. package com.example.prjbackend.mapper;
2. import com.example.prjbackend.domain.Category;
3. import org.apache.ibatis.annotations.Insert;
4. import org.apache.ibatis.annotations.Mapper;
5. @Mapper
6. public interface CategoryMapper {
7.   @Insert("insert into category(name,descp) values(#{name},#{descp})")
8.   int insert(Category category);
9. }
```

其中代码的第5行，通过@Mapper注解标记CategoryMapper是一个MyBatis的Mapper接口。在Spring Boot应用启动时，Spring容器会自动检测并创建该接口的代理对象，以便在应用程序的其他部分中通过依赖注入等方式进行使用。

第7～8行，在CategoryMapper接口中定义的insert()方法，在调用时会被MyBatis框架自动将其映射为对应的SQL Insert语句，以完成数据插入操作。鉴于id字段被设置为自动增量，因此在执行该Insert操作时无须显式指定该id字段的值，数据库会自动为每个新增记录分配一个唯一值。

6.1.2 前端实现

在Category.vue组件文件中设计新增分类功能界面；编写相应的脚本，利用Axios库与后端API的数据交互，从而实现新增分类的功能。

前端实现的具体过程如下所示。

1. 界面设计

使用VSCode开发工具，打开前端项目prj_frontend，在其中的Vue组件文件Category.vue内添加“新增”按钮，以及一个与之关联的“新增功能”对话框，代码如下：

```
1. <template>
2.   <div>
3.    <h2>甜点分类</h2>
4.    <el-button type="primary" @click="visibleDialog=true; titleOp='新增';">新增
</el-button>
5.    <!-- 新增功能对话框 -->
6.    <el-dialog :title="titleOp" v-model="visibleDialog">
7.      <el-form :model="category">
8.       <el-form-item>
9.         <el-input v-model="category.id" placeholder="ID" :disabled="true"></el-
input>
10.       </el-form-item>
11.       <el-form-item>
12.         <el-input v-model="category.name" placeholder="分类名称"></el-input>
13.       </el-form-item>
14.       <el-form-item>
15.         <el-input v-model="category.descp" placeholder="分类描述"></el-input>
16.       </el-form-item>
17.       <el-button type="primary" @click="save">确认</el-button>
18.     </el-form>
19.   </el-dialog>
20.   </div>
21. </template>
```

其中代码的第 4 行，用 el-button 组件定义了“新增”按钮。通过指定 type 属性值为 primary，将按钮背景设置为蓝色(type 值还可设置为 success、info、warning、danger 等)。同时使用@click 属性来监听该“新增”按钮的单击事件，当按钮被单击时执行相应处理代码：将可见性标志 visibleDialog 设置为 true 以显示对话框，并将对话框的标题 titleOp 设置为“新增”。

第 6～19 行，用 el-dialog 组件定义了“新增功能”对话框。

第 6 行，通过 v-model="visibleDialog"属性实现了对话框显示状态的控制，而:title="titleOp"则用于动态设置对话框的标题值。这种绑定方式确保了对话框的显示逻辑与标题内容能够根据组件的数据属性(visibleDialog 和 titleOp)进行灵活调整。

第 7～18 行，在 el-dialog 中加了 el-form 组件，用以收集新增信息。

第 7 行，对 el-form 设置了:model 属性，用于双向绑定表单元素的数据。此处的 category 值作为对象，只要令其属性名(id、name、descp)与 el-form 的 v-model 属性(category.id、category.name、category.descp)相对应，就可自动将各表单元素输入的数据汇集并更新至 category 对象的相应属性中。

第 8～16 行，通过嵌套使用 el-form-item 与 el-input 组件，定义了三个独立的表单输入项。这些输入项分别用于输入新增分类的 ID、名称及描述信息。

第 17 行，利用 el-button 组件的@click 事件监听器，绑定了一个名为 save 的函数。

该设置旨在当按钮被单击时，触发并执行 save()函数，以处理表单的提交信息。

2. 前端脚本

在前端项目开发过程中，为实现与后端 API 的高效数据交换，可引入前端 HTTP 客户端库 Axios。进入命令窗口，切换至项目目录，执行以下命令以完成安装：

```
npm install axios
```

接着，在 Category. vue 这个 Vue 组件文件中，添加与新增分类信息相关的脚本代码如下：

```
1. <script setup>
2. import axios from 'axios'
3. import { ElMessage } from 'element-plus';
4. import { reactive, ref } from "vue";
5.
6. let titleOp = ref('新增')
7. const visibleDialog = ref(false)
8. const category = ref({}) //const category = reactive({})
9.
10. function save(){
11.   //console.log(category)                          //在控制台观察输入表单数据
12.   axios.post("http://localhost:8080/category",category.value).then(resp =>{
13.     //console.log(resp)                            //在控制台观察响应数据 resp
14.     if(resp.data.code == 200){
15.       ElMessage.success('新增分类,成功!');    //element 全局弹出框
16.       category.value = {}; visibleDialog.value = false;
17.     }else{
18.       ElMessage( { message: '新增分类,失败!', type: 'error', duration:12000});
19.     }
20.   }).catch(error =>{
21.     if(error.response){
22.       ElMessage( { message: '新增分类,异常!', type: 'error', duration:120000}); }
23.   })
24. }
25. </script>
```

其中代码的第 2 行，通过 import 语句导入 Axios 库，支持向后端应用发送 API 请求，以及处理响应数据。

第 3 行，通过 import 语句导入 Element Plus 组件库中的消息框组件 ElMessage，用于向用户显示操作成功、失败或其他类型的提示信息。

第 4 行，通过 import 语句导入 Vue 的 reactive()和 ref()函数，它们被用于创建 Vue 3 应用的响应式对象。这些对象能够在数据发生变化时自动更新视图，显著减少手动更新视图的工作量，提升应用开发的效率。

ref()函数主要接收基本数据类型(包括布尔值、字符串、数字等)参数值,随后将这些值封装成响应式的数据对象,如代码中的第 6 和第 7 行所示。此外,ref()函数还能接收对象或数组,但请注意,访问其值时需要使用 value 属性。

reactive()函数则专门用于创建响应式对象或数组,如第 8 行注释行所示。然而,为了保持项目代码风格的统一,即便对于对象或数组,本项目中也选择了使用 ref()函数。

第 6~8 行,定义了 3 个响应式变量。titleOp 用于动态调整对话框(< el-dialog :title="titleOp">)的标题,根据操作的不同,如新增操作时显示"新增",编辑操作时显示"编辑"; visibleDialog 用于控制对话框(< el-dialog v-model="visibleDialog">)的显示与否; category 则作为表单(< el-form :model="category">)的数据模型,用于获取和绑定表单中的数据。

第 10~24 行,定义了用户单击"新增"按钮后触发执行的 save()函数。该函数使用 axios. post()方法向后端应用发送 POST 请求"/category",请求体中包含了一个名为 category 的对象,该对象封装了表单数据。若请求成功,将触发执行 then()方法中的回调函数代码; 若请求失败或出现错误,则将触发执行 catch()方法中的回调函数代码。

第 14~17 行,当操作成功时(resp. data. code 返回值等于 200),通过 ElMessage. success()方法显示操作成功消息,响应式变量 category 被重置为空会清空表单数据,同时设置对话框为不可见状态。类似地,若 Axios 调用出现异常,则在第 20~22 行中,通过 ElMessage 消息框显示操作失败信息。

注意:上述代码仅专注于实现新增功能的实现,因此较为简洁直接,尚未进行详尽的代码优化。

6.1.3 测试功能

测试新增分类信息功能,过程如下。

1. 启动后端应用

IDEA 打开后端应用,右击 com. example. prjbackend 包中的类 PrjBackendApplication,选择 Run 命令,启动后端应用。

2. 启动前端应用

用 VSCode 打开前端应用项目,单击菜单栏中的 Terminal 选项,选择 New Terminal 菜单项打开一个终端窗口。在终端中,执行命令 npm run dev,以启动前端应用。

3. 测试新增功能

使用 Chrome 浏览器访问 http://localhost:5173 页面。

单击左侧栏"分类管理"链接,单击"新增"按钮,在弹出框中输入分类名称"炭烧奶茶",描述信息"奶茶搭配可可粉或咖啡粉,香味扑鼻",单击"确认"按钮,将显示"新增分类,成功!"消息框,如图 6-1 所示。

用 MySQL Workbench 工具查看 desserts 数据库中 category 表数据,应该可观察到新增的分类数据,如图 6-2 所示。

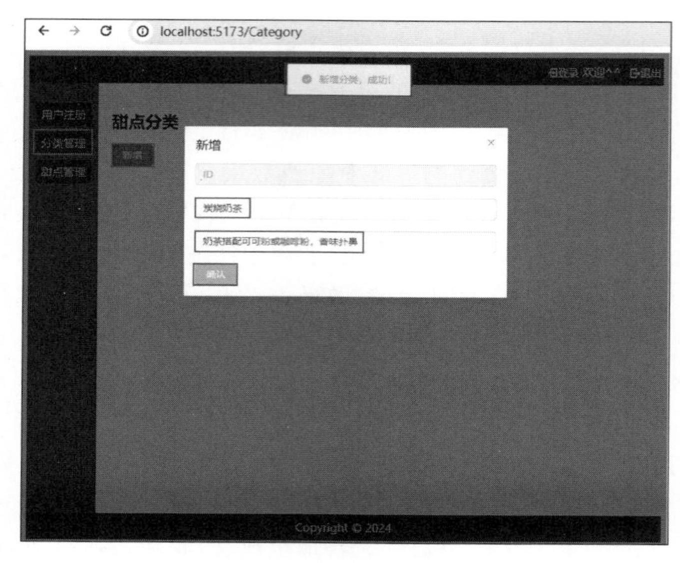

图 6-1 新增分类

id	name	descp
1	传统甜品	精致到不忍下嘴的中国传统甜品,个个都经典
2	京粉系列	创意京粉系列,将京粉这种民间小吃融入菜肴
3	雪山系列	造型高颜值,口感绵软,越嚼越有嚼劲
4	炭烧奶茶	奶茶搭配可可粉或咖啡粉，香味扑鼻

图 6-2 category 表新增了分类数据

在进行新增分类操作时,若分类名称为空,系统会弹出消息提示框“新增分类,异常!”,如图 6-3 所示。

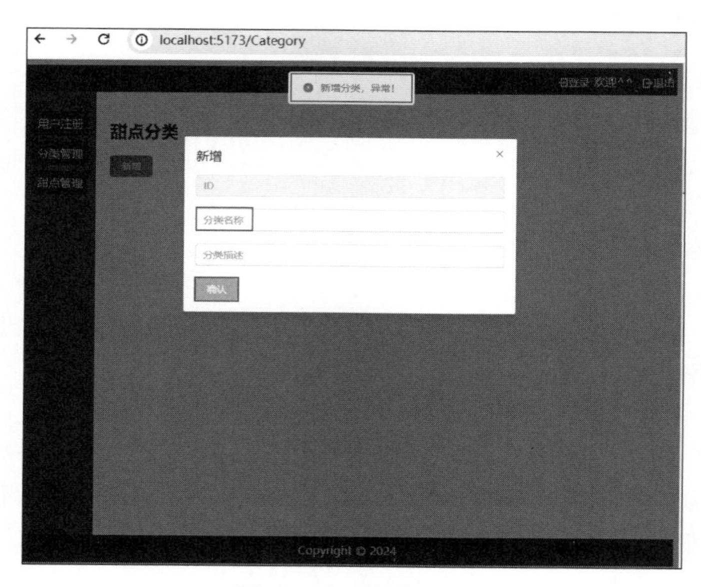

图 6-3 新增操作异常

这是因为，在数据表 category 中设置了字段 name 不能为空。此时，可以通过对 Element Plus 表单设置验证规则来处理。当然，需要优化的地方还有很多，如引入 API 层替换 Axios 的直接调用、优化 Axios 使用方式、设置 Axios 的 BaseURL 值等，以提升系统的可维护性和性能。

6.1.4 优化代码

此处实施 4 个优化措施，包括为表单设置验证规则、引入 API 层替换 Axios 的直接调用、调用自定义 Axios 实例、优化 Axios 实例的 baseURL 参数。

1. 为表单设置验证规则

Element Plus 作为一套高质量的 Vue 3 组件库，内置了强大的表单验证功能，能够对用户的输入进行校验，并在检测到不规范的输入时提供清晰、明确的提示信息，从而提升用户体验和系统的健壮性。本案例场景中，利用 Element Plus 的表单验证功能，实现了对分类字段(name)非空输入的强制要求。具体实现步骤如下。

(1) 定义验证规则。

编辑组件文件 Category. vue，在其 script 节点内定义与新增操作相关的表单验证规则 saveRules，代码如下：

```
const saveRules = {
  name:[{ required: true, message: '请输入分类名称', trigger: ['blur','submit'] }],
}
```

在表单验证过程中，用 required: true 标识 name 字段为必填项。据此，无论是在表单提交时(trigger: ['submit'])，还是在字段失去焦点时(trigger: ['blur'])，一旦检测到表单字段 name 为空时，系统均会自动触发验证，并显示明确的提示信息“请输入分类名称”。

(2) 绑定验证规则。

继续编辑组件文件 Category. vue，将先前定义的验证规则绑定到表单中：在 el-form 中使用:rules 绑定验证规则 saveRules，el-form-item 中使用 prop 属性绑定验证规则项 name 进行针对性的校验，代码如下：

```
1. <el-form :rules="saveRules" ref='saveForm' :model="category">
2.   <el-form-item prop="name">
3.    <el-input v-model="category.name" placeholder="分类名称"></el-input>
4.   </el-form-item>
5.   …
```

注意：el-form 组件上还加上了属性 ref='saveForm'，此举可令该表单能在脚本中被直接引用。

(1) 引用表单并验证。

在脚本块 script 中定义一个名为 saveForm 的变量，其命名应与 el-form 组件的 ref

属性值保持一致，用于后续操作中引用该表单组件，代码如下：

```
const saveForm = ref({});
```

在进行 Axios 请求之前，建议先加入相应的验证规则代码以进行前置判断，代码如下：

```
function save(){
 saveForm.value.validate((valid) =>{
    if(!valid) {
      ElMessage.warning('新增数据有问题,请先修正')
      return false
    }else{
      //axios 请求操作代码
    }
 })
}
```

（2）测试验证有效性。

在 Chrome 浏览器中打开“甜点分类”新增界面，在未输入分类名称情况下，直接单击“确认”按钮，系统将阻止表单的提交行为，并在“分类名称”输入框下方显示了红色提示信息“请输入分类名称”，并弹出了警告消息“新增数据有问题，请先修正”，说明验证有效，如图 6-4 所示。

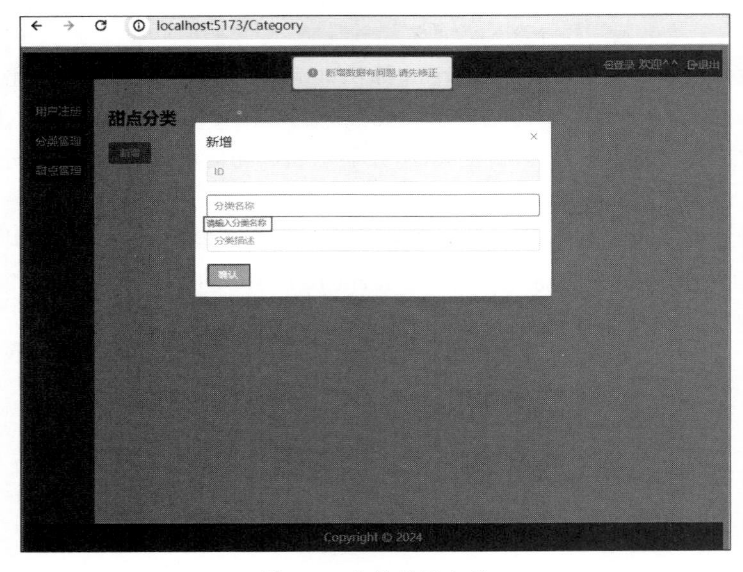

图 6-4　表单验证有效

2. 引入 API 层替换 Axios 的直接调用

在 Vue 组件中直接进行 Axios 请求和处理，代码有些冗杂，可将相关的 HTTP 请求逻辑放入 API 层代码中。操作过程如下。

(1) 在 src 目录下新建 API 目录，并在新建的目录中新建 Category.js 文件，代码如下：

```
import axios from 'axios'
// 新增
export function add(category) {
  return axios.post("http://localhost:8080/category",category.value);
}
```

(2) Category.vue 组件调用 API 层。

修改 Category.vue 文件：将原有 Axios 的直接引用代码注释，转而导入封装在 API 层的 CategoryService 类。代码如下：

```
// import axios from 'axios'                                        //移除对 axios 的直接引用
import * as CategoryService from "../api/Category"  //转而使用封装的 Category 服务
```

同时移除原有 Axios 调用代码，改用 API 层 CategoryService 类的方法调用，代码如下：

```
//axios.post("http://localhost:8080/category",category.value).then(resp =>{ ...
                                                                //移除 Axios 调用
CategoryService.add(category).then(resp =>{   ... //改用 API 层 CategoryService 类的方法调用
```

(3) 测试优化代码的有效性。

在 Chrome 浏览器中，打开“甜点分类”新增界面，输入分类名称“提拉米苏”，添加描述信息“意大利蛋糕的代表，外貌绚丽、姿态娇媚”，单击“确认”按钮后，系统将成功添加分类并显示消息框“新增分类，成功!”，这说明优化代码是有效的，如图 6-5 所示。

图 6-5 优化代码有效

3. 调用自定义 Axios 实例

利用默认配置的 Axios 固然可满足基本 API 调用需求，然而，构建自定义 Axios 实例能赋予更多灵活性，涵盖设定统一的 API 基础 URL、请求超时等高级配置，从而提升网络请求的定制性和效率。

（1）自定义 Axios 实例

在 src 目录下新建 utils 目录，并在新建的目录中新建 request.js 文件，该文件用于封装并导出配置好的 axios 实例（API），代码如下：

```
1. import axios from 'axios'                  //导入 axios
2. const API = axios.create({                 //创建 axios 实例，配置基本地址和超时
3.   baseURL:'http://localhost:8080',         //请求后端 API 基本地址
4.   timeout: 2000                            //请求超时设置，单位 ms
5. })
6. export default API
```

其中代码的第 1 行，通过 import 语句导入 Axios 库。

第 2～5 行，定义了一个名为 API 的 Axios 实例，通过 axios.create()方法配置了向后端发送请求的统一基础 URL（http://localhost:8080）以及请求超时时间为 2000 毫秒（2 秒）。

第 6 行，导出了 axios 实例 API。

（2）调用 Axios 自定义实例。

将原来从'axios'导入，换成从'../utils/request'导入，以修改 src/api/Category.js 文件为例，代码如下：

```
// import axios from 'axios'
import axios from '../utils/request'
```

调用自定义 Axios 实例，代码如下：

```
// return axios.post("http://localhost:8080/category",category.value);
return axios.post("/category",category.value);
```

（3）测试优化代码的有效性。

在 Chrome 浏览器中，打开“甜点分类”新增界面，输入分类名称“慕斯蛋糕”，添加描述信息“柔软的奶冻甜点，入口即化”，单击“确认”按钮后，系统将成功添加分类并显示消息框“新增分类，成功！”，这说明优化代码有效，如图 6-6 所示。

4. 优化 Axios 实例的 baseURL 参数

（1）将 baseURL 的值设定为环境变量 process.env.BASE_API。

编辑位于 src/utils 目录下的 request.js 文件，通过引用环境变量 process.env.BASE_API 来设置 axios 实例的 baseURL，相应代码如下：

图 6-6　优化代码有效

```
baseURL:'http://localhost:8080',   //请求后端 API 基本地址
baseURL:process.env.BASE_API,      //请求后端 API 基本地址,可定义在 vite.config.js 中
```

（2）全局配置 process.env.BASE_API 值。

编辑项目中的 vite.config.js 配置文件，通过配置环境变量 process.env.BASE_API 来设定基础 API 的 URL（此处值为 http://localhost:8080），以便在前端项目中统一引用后端服务地址。相应代码如下：

```
export default defineConfig({
  plugins: [vue()],
  define: {
    'process.env': {
      'BASE_API':"http://localhost:8080"
    }
  },
})
```

（3）验证优化代码的有效性。

在 Chrome 浏览器中，打开"甜点分类"新增界面，输入分类名称"黑森林蛋糕"，添加描述信息"融合了樱桃的酸、奶油的甜、巧克力的苦、樱桃酒的醇香"，单击"确认"按钮，系统将显示"新增分类，成功！"的消息框，从而验证了优化代码的有效性，如图 6-7 所示。

图 6-7　优化代码有效

视频讲解

6.2　分类列表

分类列表功能，同样会涉及 Spring Boot 后端实现和 Vue 3 前端实现。当然，这里的列表还应该含有查询分页功能，以满足用户需求。

6.2.1　后端实现

鉴于 Category 实体类、CategoryController 控制器类及 CategoryMapper 接口已创建，现仅需在现有类和接口中补充相应的查询列表方法即可。步骤如下所示。

1. 控制器中增加查询列表方法

为支持分页功能，先在 pom.xml 文件中添加 PageHelper 插件的依赖，具体配置如下：

```
<dependency>
  <groupId>com.github.pagehelper</groupId>
  <artifactId>pagehelper-spring-boot-starter</artifactId>
  <version>1.4.6</version>
</dependency>
```

请确保所使用的 PageHelper 版本与 Spring Boot 版本兼容。例如，当前 Spring Boot 版本为 3.0.2，则推荐搭配 PageHelper 版本 1.4.6，以避免潜在的不兼容问题导致功能失效。

接着，在控制器类 CategoryController 中，增加查询列表方法，代码如下：

```
1. …
2. @RequestMapping("/category")
3. public class CategoryController extends BaseController {
4.   …
5.   @GetMapping
6.   public TableDataInfo list(Category category) {
7.    startPage();
8.    List<Category> list = categoryService.selectList(category);
9.    return getDataByPage(list);
10.  }
11. }
```

其中代码的第 2～3 行，由于 CategoryController 类上标注了 @RequestMapping("/category")注解，当使用 GET 方式访问"/category"路径时，请求将被映射至该类中的 list(Category category)方法进行处理。

第 7 行，startPage()方法在父类 BaseController 中定义，其作用是设置分页参数，包括 pageNUm(页码)、pageSize(每页显示行数)、orderBy(排序字段)。该方法通过调用 MyBatis 分页插件 PageHelper 的 startPage(pageNum, pageSize, orderBy)方法来初始化分页对象，以便在执行数据库查询时应用分页和排序设置。

PageHelper 分页插件在 MyBatis 执行 Mapper 查询之前实施拦截策略，并自动执行以下核心步骤：首先，它改写原始 SQL 查询为 select count(0)查询，以精确计算总行数(total)；随后，该插件智能地将原 SQL 与分页参数融合，构造出分页查询语句并执行，最终输出指定页码范围内的记录列表(List<>)。其执行效果如下：

```
JDBC Connection [HikariProxyConnection@1671773459 wrapping
com.mysql.cj.jdbc.ConnectionImpl@52f29e11] will not be managed by Spring
 ==>  Preparing: SELECT count(0) FROM category WHERE descp LIKE CONCAT('%', ?, '%')
 ==> Parameters: ,(String)
<==   Columns: count(0)
<==       Row: 6
<==     Total: 1
 ==>  Preparing: select id,name,descp from category WHERE descp like CONCAT('%',?,'%')
LIMIT ?
 ==> Parameters: ,(String), 5(Integer)
<==   Columns: id, name, descp
<==     Row: 1, 传统甜品, 精致到不忍下嘴的中国传统甜品,个个都经典
<==     Row: 2, 凉粉系列, 创意凉粉系列,将凉粉这一种民间小吃融入菜肴
<==     Row: 3, 雪山系列, 造型高颜值,口感绵软,越嚼越有嚼劲
<==     Row: 4, 炭烧奶茶, 奶茶搭配可可粉或咖啡粉,香味扑鼻
<==     Row: 5, 提拉米苏, 意大利蛋糕的代表,外貌绚丽、姿态娇媚
<==   Total: 5
```

其中代码的第 8 行，通过调用服务层 selectList(category)方法，以获得 List < Category > 类型的查询结果集。

第 9 行，通过调用 getDataByPage(list)方法，将查询结果封装为前端可直接处理的标准分页响应结构。该方法定义于父类 BaseController 中，其返回的数据结构包含 code(状态码)、msg(消息描述)、rows(当前页数据列表)、total(总记录数)4 个核心字段。

2. 服务层类中增加查询列表方法

在服务层类 CategoryService 中，增加用于查询列表的方法，具体实现代码如下：

```
1. …
2. @Service
3. public class CategoryService {
4.   @Autowired
5.   private CategoryMapper categoryMapper;
6.   …
7.   public List < Category > selectList(Category category) {
8.     return categoryMapper.selectList(category);
9.   }
10. }
```

其中第 7～9 行代码，添加了查询列表的方法 selectList(category)，该方法将具体的查询逻辑委托给 mapper 层中 CategoryMapper 接口的 selectList(category)方法进行处理。

3. 数据库访问层接口中增加查询列表方法

在数据库访问层(mapper 层)CategoryMapper 接口中，增加用于查询分类列表的方法，并为其映射为相应的 SQL Select 语句，具体实现代码如下：

```
1. …
2. @Mapper
3. public interface CategoryMapper {
4. …
5.   @Select("< script > select id,name,descp from category "
6.   + "< where >"
7.   +    "< if test = 'name !=  null'> AND name like CONCAT(' % ', # {name},' % ')</if >"
8.   +    "< if test = 'descp != null'> AND descp like CONCAT(' % ', # {descp},' % ')</if >"
9.   + "</where ></script >")
10.  List < Category > selectList(Category category);
11. }
```

其中第 5～10 行代码，当调用 selectList(category)方法时，将执行 5～9 行的 Select 语句。在该 Select 语句中，使用< where >标签动态拼接查询条件：第 7 行判断 name 字段不为 null 时，则会在查询条件中添加“AND name like CONCAT('%',#{name},'%') ”部分；第 8 行判断 descp 字段不为 null 时，则添加“AND descplike CONCAT ('%',#{descp},'%')”部分。MyBatis 的< where >标签在拼接时会智能移除多余的逗号，从而确保生成的 SQL

语句语法准确无误。

4. 测试

启动后端应用后，使用 Chrome 浏览器访问后端资源 http://localhost:8080/category，返回结果如图 6-8 所示，则说明分类列表功能整体可用。

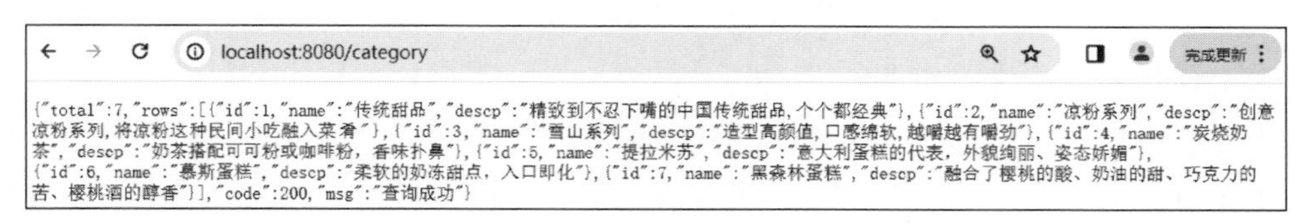
localhost:8080/category
完成更新
{"total":7,"rows":[{"id":1,"name":"传统甜品","descp":"精致到不忍下嘴的中国传统甜品,个个都经典"},{"id":2,"name":"凉粉系列","descp":"创意凉粉系列,将凉粉这种民间小吃融入菜肴"},{"id":3,"name":"雪山系列","descp":"造型高颜值,口感绵软,越嚼越有嚼劲"},{"id":4,"name":"炭烧奶茶","descp":"奶茶搭配可可粉或咖啡粉，香味扑鼻"},{"id":5,"name":"提拉米苏","descp":"意大利蛋糕的代表，外貌绚丽、姿态娇媚"},{"id":6,"name":"慕斯蛋糕","descp":"柔软的奶冻甜点，入口即化"},{"id":7,"name":"黑森林蛋糕","descp":"融合了樱桃的酸、奶油的甜、巧克力的苦、樱桃酒的醇香"}],"code":200,"msg":"查询成功"}

图 6-8　访问后端资源/category 后返回结果

6.2.2 前端实现

实现分类列表功能的核心在于对 Category.vue 组件文件的编辑：首先，设计出分类列表的用户界面；然后，编写逻辑脚本，利用 Axios 库与后端 API 实现数据交互，以实现列表的动态加载与显示功能。

1. 界面设计

使用 VSCode 开发工具，打开前端项目 prj_frontend，在 Vue 组件文件 Category.vue 内设计分类列表相关界面内容，代码如下：

```
1. <el-table style="min-height:300px" v-loading="loading" :data="list"
2.   @selection-change="handleSelectionChange">
3.   <el-table-column type="selection" width="60" align="center" />
4.   <el-table-column label="ID" align="center" prop="id" v-if="false" />
5.   <el-table-column label="分类名称" align="left" prop="name" width="100"  />
6.   <el-table-column label="分类描述" align="center" prop="descp"  />
7.   <el-table-column label="操作" align="center">
8.    <template #default="scope">
9.    <el-button type="primary" @click="handleUpdate(scope.row)">修改</el-button>
10.     <el-button type="danger" @click="handleDelete(scope.row)">删除</el-button>
11.    </template>
12.   </el-table-column>
13. </el-table>
14.
15. <el-row type="flex" justify="center" align="middle">
16.   <el-pagination
17.    :current-page="queryParams.pageNum"
18.    :page-size="queryParams.pageSize"
19.    :total="total"
```

```
20.     :pager - count = "0"
21.     style = "text - align: center;margin - top: 20px;"
22.     layout = "jumper, prev, pager, next, total"
23.     @current - change = "handleCurrentChange" />
24. </el - row>
```

对上述代码具体说明如下。

第1～13行，包含了一个Element Plus表格组件el-table。

第1行中，style＝"min-height:300px"设定了表格el-table的最小高度，确保即使在显示行数较少的情况下也能保持足够的高度；v-loading＝"loading"用于在数据加载过程中显示"转圈加载"的动画效果；":data＝"list""则指定了表格el-table加载的数据来源于脚本中定义的list变量。

第3～12行，定义了5个表格列el-table-column。

第3行，通过type＝"selection"属性定义了选择列，允许用户进行多行选择。此选择列配置使得用户能够通过单击各行旁边的复选框来单独选择，或通过单击顶部的"全选"复选框一次性选中所有可见行。与此功能紧密相关的是，第2行代码@selection-change＝"handleSelectionChange"将@selection-change事件与handleSelectionChange()函数绑定。在每当选择状态发生变更时，均会触发handleSelectionChange()函数来处理(实现细节则在后续内容中展开表述)。

第4～6行，通过prop属性将el-table组件列与":data"绑定的list集合中对象的属性名进行绑定，确保list集合内数据(每个对象包含id、name、descp三个属性)能够直观地显示在表格的相应列(id列、name列、descp列)上。

第7～12行，定义了操作列，该列包含2个按钮，分别用于实现编辑和删除功能，具体实现细节则在后续内容中展开表述。

第16～23行，包含了一个Element Plus分页组件el-pagination。

第17行，通过":current-page＝"queryParams.pageNum""指定当前页码值为queryParams对象中pageNum属性的值。

第18行，通过":page-size＝"queryParams.pageSize""指定每页显示行数值为queryParams对象的pageSize值。

第19行，通过":total＝"total""指定总行数为total值，注意该值通常经过后端查询后返回，是变化的。

第20行，通过":pager-count＝"0""指定总页数为0值，注意该值通常经过后端查询后返回，是变化的。

第22行，通过layout＝"jumper, prev, pager, next, total"明确定义分页布局，包含跳转框、前一页按钮、页码列表、后一页按钮以及总行数显示。

第23行，通过监听@current-change事件，并将其绑定至handleCurrentChange()函数。当分页组件上页码发生改变时，自动执行handleCurrentChange()函数。

2. 前端脚本

(1) 分类脚本处理。

在 Category. vue 组件文件中，添加与分类列表相关的脚本代码，代码如下：

```
1. /** 列表操作变量 */
2. let list = ref([])              //列表对象
3. let loading = ref(true)         //列表上的遮罩层开关 <el-table v-loading="loading" ...
4. let total = ref(0)              //总行数
5. let queryParams = ref({         //查询参数
6.   pageNum: 1,
7.   pageSize: 5,
8.   name: null,
9.   descp: null,
10. })
11. /** 列表 */
12. function getList() {
13.   loading.value = true;     //打开遮罩层
14.   CategoryService.list(queryParams).then(resp => { //list()来自 api/category.js
15.     // console.log(resp);
16.     list.value = resp.data.rows
17.     total.value = resp.data.total
18.     loading.value = false; //关闭遮罩层
19.   });
20. }
21. const created = () =>{
22.   getList()
23. }
24. created()                       //进入组件，立即执行
25. /** 分页控件上单击页码 */
26. const handleCurrentChange = (val) =>{
27.   queryParams.value.pageNum = val
28.   getList()
29. }
```

其中代码的第 2～10 行，定义了 4 个响应式变量：list 用于承载即将被加载至表格中的分类信息列表；loading 作为一个布尔值，用于控制是否显示列表上方的遮罩层以指示加载状态；total 用于记录表格数据项的总数量；而 queryParams 则作为一个对象，用于封装并传递查询分类列表时所需的参数。

第 12～20 行，定义了处理列表加载的函数。函数开始时显示遮罩层(第 13 行)，并在函数结束时关闭遮罩层(第 18 行)。在函数内部，通过 CategoryService. list(queryParams)方法调用后端 API 来获取分类信息列表(第 14～19 行)。返回的结果可以通过 console. log (resp)进行调试查看。接着，从响应数据 resp. data. rows 和 resp. data. total 中提取显示行数据和总行数，并将它们分别赋值给响应式变量 list 和 total。这样，视图中的表格组件 el-table 和分页组件 pagination 就能根据这些变量显示相应的数据。

注意：分页组件 pagination 默认使用英文显示，如图 6-9 所示。

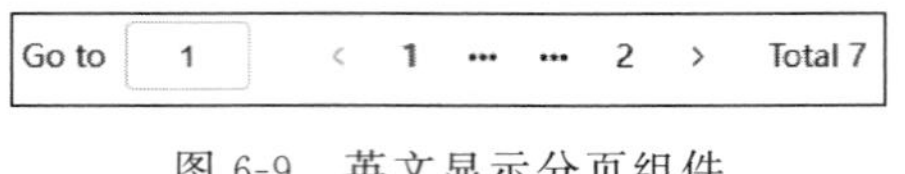

图 6-9　英文显示分页组件

要将分页组件 pagination 的显示语言改为中文，需要在 main.js 文件中将 Element Plus 配置为中文生产环境，代码如下：

```
import locale from 'element-plus/dist/locale/zh-cn'
```

同时修改注册 Element Plus 代码 app.use(ElementPlus)，将之配置为中文语言环境，代码如下：

```
app.use(ElementPlus, { locale })
```

此时再显示分页组件 pagination，将变为中文显示，如图 6-10 所示。

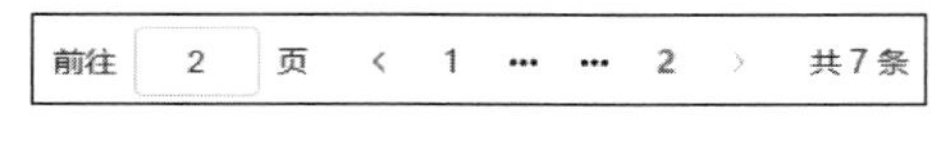

图 6-10　中文显示分页组件

注意：在原来新增操作代码结束位置，增加列表调用 getList()函数，以便于增加分类后能自动刷新列表数据。

(2) 增加 API 层 list()函数。

在 src/api/Category.js 文件中新增一个列表函数 list()，并用 export 语句导出，以供其他模块使用，代码如下：

```
export function list(query) {
  return axios.get("/category",{params: query.value})
}
```

该列表函数 list()会调用后端 API，完成获取分类列表数据的功能。

6.2.3 测试功能

测试分类列表功能，过程如下：

在 Chrome 浏览器中打开"分类管理"界面，显示了第 1 页的 5 行数据，同时分页组件标明共有 7 行数据，当前位于第 1 页，如图 6-11 所示。

然后，单击分页组件上的页码 2，系统将显示第 2 页的 2 行数据，如图 6-12 所示。

综上所述，分类列表功能已成功实现。接下来，可以在此基础上进行优化，并增加前端查询功能以提升用户体验。

图 6-11　分类列表显示

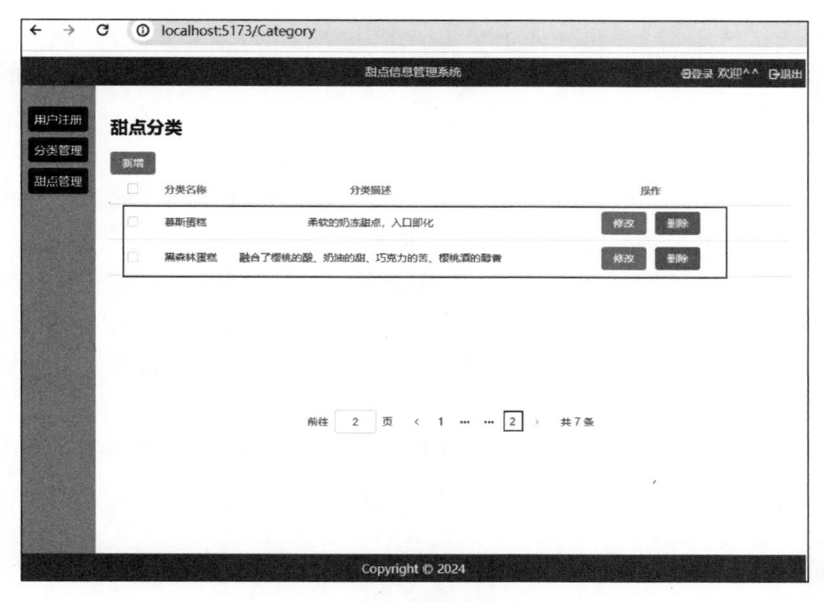

图 6-12　显示翻页数据

6.2.4　增设查询

分类列表的基础查询功能，后端代码已经实现了，此处仅实现前端代码即可。具体实现过程如下。

1. 添加查询表单

在 Category.vue 组件顶部，“甜点分类”标题下方，增加查询表单，代码如下：

```
1. <el-form :model="queryParams" :inline="true" label-width="65px">
2.     <el-form-item label="名称">
3.      <el-input v-model="queryParams.name" placeholder="请输入分类名称"
4.        @keyup.enter.native="handleQuery" />
5.      </el-form-item>
6.      <el-form-item label="描述">
7.       <el-input v-model="queryParams.descp" placeholder="请输入分类描述"
8.        @keyup.enter.native="handleQuery"/>
9.      </el-form-item>
10.     <el-form-item>
11.         <el-button type="primary"  @click="handleQuery">查询</el-button>
12.       <el-button  @click="resetQuery">重置</el-button>
13.     </el-form-item>
14. </el-form>
```

代码的第 1 行，利用“:model="queryParams"”属性将表单组件 el-form 与响应式数据对象 queryParams 绑定，其中 queryParams 通过 ref({pageNum: 1, pageSize: 5, name: null, descp: null})定义，包含分页参数及查询条件字段。

第 2～5 行，使用 el-form-item 定义了一个“分类名称”表单项，并且通过 v-model="queryParams.name"实现了响应式数据 queryParams.name 与 el-input 输入框内容的双向绑定。此外，通过@keyup.enter.native="handleQuery"监听 Enter 键事件，当用户按下 Enter 键时，将触发 handleQuery()函数执行查询操作。

第 6～9 行，使用 el-form-item 定义了一个“分类描述”表单项。该表单项的实现逻辑与第 2～5 行代码中“分类名称”表单项的实现类似。

第 10～13 行，在 el-form-item 表单项中定义了“查询”按钮和“重置”按钮。单击“查询”按钮，将触发 handleQuery()函数，该函数基于当前表单的输入或选择条件从后端检索数据；单击“重置”按钮，将触发 resetQuery()函数，该函数的主要作用是重置表单的查询条件。

2. 编写搜索和重置脚本

在 Category.vue 组件的<script>块中增加搜索操作和重置操作函数，代码如下：

```
1. /** 搜索操作 */
2. const handleQuery = () =>{
3.   queryParams.value.pageNum = 1;
4.   getList()
5. }
6. /** 重置操作 */
7. const resetQuery = () =>{
8.   queryParams.value.name = null
9.   queryParams.value.descp = null
10.   handleQuery();
11. }
```

其中代码的第2～5行，实现了搜索操作。将分页参数中的页码(pageNum)重置为1，以确保搜索结果的起始页为第一页；随后调用getList()函数执行数据加载操作，以显示最新的搜索结果。

第7～11行，实现了重置操作。将搜索参数name和descp值清空，随后调用handleQuery()函数更新显示结果。

3. 测试查询功能

在Chrome浏览器中打开“分类管理”界面，然后在“名称”输入框中输入“系列”，直接按Enter键或者单击“查询”按钮，进行分类名称的模糊查询，将显示相应的匹配数据(此处2行)，如图6-13所示。

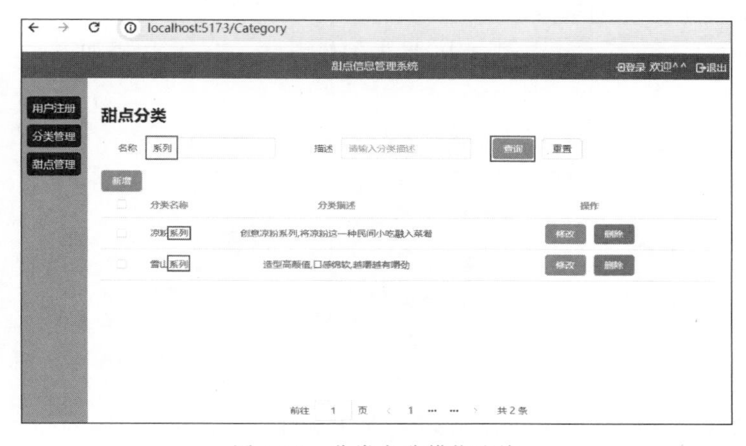

图6-13　分类名称模糊查询

接着单击“重置”按钮，清空“名称”输入框中的内容，然后在“描述”输入框中输入一个逗号，直接按Enter键或者单击“查询”按钮，进行分类描述的模糊查询，将获得相应的匹配数据(此处6行)，如图6-14所示。

图6-14　分类描述模糊查询

至此，查询功能已全部实现。

6.3 分类编辑

分类编辑功能也由 Spring Boot 后端和 Vue 3 前端两部分协同实现。

6.3.1 后端实现

鉴于 Category 实体类、CategoryController 控制器及 CategoryMapper 接口已创建，现仅需在控制器、服务类和 Mapper 接口中补充对应的编辑方法即可，步骤如下。

1. 控制器类中增加编辑方法

在控制器类 CategoryController 中，增加编辑方法 edit()，代码如下：

```
1. …
2. @RequestMapping("/category")
3. public class CategoryController extends BaseController {
4.   …
5.   @PutMapping
6.   public AjaxResult edit(@RequestBody Category category) {
7.     return toAjax(categoryService.edit(category));
8.   }
9. }
```

第 2～3 行代码，由于 CategoryController 类上标注了@RequestMapping("/category")注解，当使用 PUT 方式访问"/category"路径时，请求将被路由至该类中的 edit(Category category)方法进行处理。

2. 服务层类中增加编辑方法

在服务类 CategoryService 中用 edit()方法处理编辑功能，代码如下：

```
1. ...
2. @Service
3. public class CategoryService {
4.   ...
5.   public int edit(Category category) {
6.     return categoryMapper.edit(category);
7.   }
8. }
```

第 5～7 行代码，定义了一个编辑方法 edit()。该方法通过装配的 categoryMapper 对象调用 edit()方法，完成数据的编辑操作，并返回 int 类型的操作结果(受影响的记录数)。

3. 数据访问层接口中增加编辑方法

在数据访问层 CategoryMapper 接口中，增加用于编辑分类信息的方法，并为其映射相应的 SQL Update 语句，具体实现代码如下：

```
 1. …
 2. @Mapper
 3. public interface CategoryMapper {
 4.   …
 5.   @Update("< script >"
 6.     + "update category "
 7.     + "< set >"
 8.       +    "< if test = 'name != null'> name = #{name}, </if >"
 9.       +    "< if test = 'descp != null'> descp = #{descp}, </if >"
10.       + "</set >"
11.       + "WHERE id = #{id}"
12.       + "</script >")
13.     int edit(Category category);
14. }
```

第 5～13 行代码，当调用 edit(Category category)方法时，会触发一个针对 Category 对象的更新操作，该操作通过执行第 5～13 行的 Update 语句来实现。在 Update 语句中，使用了< set >标签来动态构建 Update 子句的内容：第 8 行判断 name 字段不为 null 时，生成“name = #{name},”部分；第 9 行判断 descp 字段不为 null 时，生成“descp = #{descp},”部分。值得注意的是，< set >标签具有智能处理功能，会自动消除由于条件判断生成的最后一个多余的逗号。这样的设计确保了生成的 SQL 语句既符合语法规范又便于阅读和维护。

6.3.2 前端实现

为提高代码重用性，前端应用中的编辑对话框可直接复用新增对话框的代码，仅需调整编辑按钮的事件处理逻辑即可。

1. 调整“编辑”按钮的事件处理代码

调整操作列中“修改”按钮的 click 事件处理代码如下：

```
< el - button type = "primary"
  @click = " visibleDialog = true; titleOp = '编辑'; category = scope. row;">修改</el -
button >
```

可对编辑对话框的显示效果进行测试：单击待编辑分类右侧的“修改”按钮后，将对话框设置为可见状态，标题设置为“编辑”，并自动填充对话框中的字段值为对应行的数据，如图 6-15 所示。

2. 为 save()函数加上编辑功能

优化原有的 save()函数以区分新增和编辑操作，并据此执行相应的逻辑，代码如下：

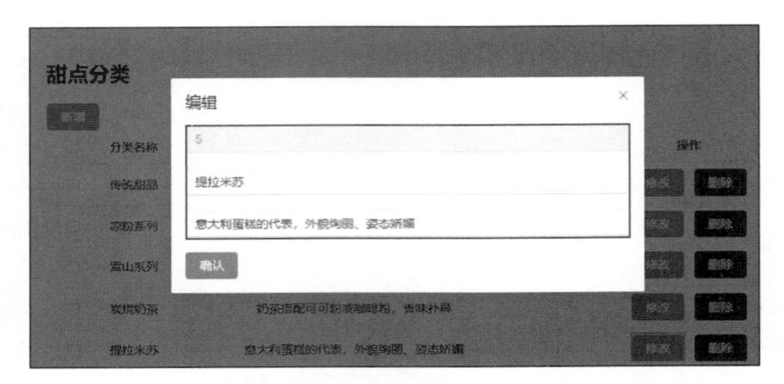

图 6-15　编辑对话框显示数据

```
1. function save(){
2.   saveForm.value.validate((valid) => {
3.     if(!valid) {
4.       …                                    //原验证失败时处理代码
5.     }else{
6.       if(category.value.id == undefined) {   //新增
7.         …                                  //新增功能代码(略)
8.       }else{                               //编辑
9.         CategoryService.edit(category).then(resp =>{
10.            if(resp.data.code == 200){
11.              ElMessage.success('编辑分类,成功!');
12.              category.value = {};   visibleDialog.value = false;
13.            }else{
14.              ElMessage( { message: '编辑分类,失败!',
15.                     type: 'error', duration:1200});
16.            }
17.          }).catch(error =>{
18.            if(error.response){
19.            ElMessage( { message: '编辑分类,异常!', type: 'error', duration:1200}); }
20.          })
21.        }
22.      }
23.  })
24. }
```

上述代码逻辑清晰，通过判断 category.value.id 值是否为 undefined 来区分新增操作与编辑操作。若 id 为 undefined，则执行新增功能的代码；若 id 有值，则执行第 9～21 行的编辑功能代码，其逻辑与新增操作类似，此处不再赘述。

3. 增加 API 层 edit()函数

在 src/api/Category.js 文件中新增一个编辑函数 edit()，并导出以供其他模块使用，代码如下：

```
export function edit(category) {
  return axios.put("/category",category.value);
}
```

该编辑函数 edit()通过 Axios 组件发起一个 PUT 请求，调用后端 API 接口，以完成编辑分类数据的功能。

6.3.3　测试功能

测试分类编辑功能，过程如下：

在 Chrome 浏览器中打开“分类管理”界面，单击第 5 行的“修改”按钮，在弹出的编辑对话框中为名称和描述分别加一个句号，然后单击“确认”按钮，将显示“编辑分类，成功!”消息框，如图 6-16 所示。

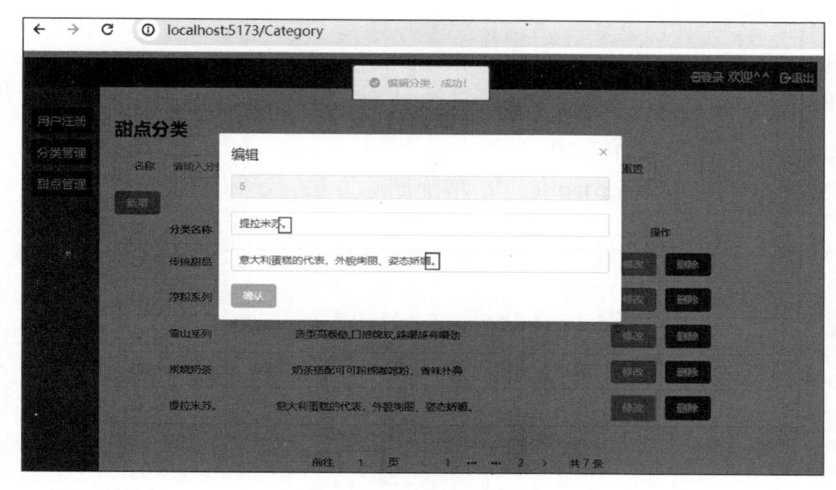

图 6-16　编辑分类

返回分类列表页面后，可观察到第 5 行数据已成功更新，具体效果如图 6-17 所示。

图 6-17　返回分类更新数据

至此，完成了甜点分类信息的编辑功能。

6.4 分类删除

单击分类列表上某行右侧的“删除”按钮，即可删除该行分类数据。此外，还需支持通过选择列进行分类数据的批量删除操作。

分类删除功能同样包含 Spring Boot 后端与 Vue 3 前端两部分实现。

6.4.1 后端实现

鉴于 Category 实体类、CategoryController 控制器及 CategoryMapper 接口已创建，现仅需在控制器、服务类和 Mapper 接口中补充对应的删除方法即可。步骤如下所示。

1. 控制器类中增加删除方法

在控制器类 CategoryController 中，增加删除方法，代码如下：

```
1. …
2. @RequestMapping("/category")
3. public class CategoryController extends BaseController {
4.   …
5.   @DeleteMapping("/{ids}")
6.   public AjaxResult remove(@PathVariable Long[] ids) {
7.    return toAjax(categoryService.delete(ids));
8.   }
9. }
```

第 2～3 行代码，由于在 CategoryController 类上标注了@RequestMapping("/category")注解，因此使用 DELETE 方式访问“/category/{ids}”路径时，请求将被映射至 remove(@PathVariable Long[] ids)方法进行处理。

2. 服务层类中增加删除方法

在服务类 CategoryService 中，增加 delete()方法处理删除功能，代码如下：

```
1.…
2. @Service
3. public class CategoryService {
4.    …
5.    public int delete(Long[ ] ids) {
6.       return categoryMapper.delete(ids);
7.    }
8. }
```

第 5～10 行代码，定义 delete()方法删除 category 数据。该方法通过调用已装配的 categoryMapper 对象的 delete()来实现删除操作，并返回删除操作影响的记录数(int 类型结果)。

3. 数据访问层接口中增加删除方法

在 mapper 层接口 CategoryMapper 中,增加映射 Delete 语句的删除方法,代码如下:

```
1. …
2. @Mapper
3. public interface CategoryMapper {
4.   …
5.   @Delete("< script > delete from category where id in "
6.       + "< foreach item = 'id' collection = 'array' open = '(' close = ')' separator = ',' >"
7.         +    "#{id}"
8.         + "</foreach >"
9.     + "</script >")
10.    int delete(Long[] ids);
11. }
```

第 5～10 行代码,当调用 delete(Long[] ids)方法时,会执行第 5～9 行的 Delete 语句。该语句利用< foreach >标签动态拼接 WHERE IN 子句,其中< foreach >会自动移除多余的分隔符(逗号),确保 SQL 语句的正确性。注意:< foreach >标签的 collection 属性应依据传入参数的类型明确设置为 array(针对数组类型)或 list(针对列表类型),而非直接采用方法参数名 ids,以确保正确的参数迭代处理。

6.4.2 前端实现

在 Category.vue 组件中编写删除功能的脚本,利用 Axios 库与后端 API 进行数据交互,实现分类的删除功能。具体过程如下。

1. 编辑删除函数代码

为了在页面上使用“确认框”功能,首先导入 Element Plus 的 ElMessageBox 组件,并去除原有仅导入 ElMessage 组件的代码,代码如下:

```
//import { ElMessage} from 'element - plus';
import { ElMessage, ElMessageBox } from 'element - plus';
```

接下来,更新操作列中“删除”按钮的 click 事件处理代码,当单击时执行 handleDelete()函数,代码如下所示:

```
< el - button type = "danger" @click = "handleDelete(scope.row)">删除</el - button >
```

handleDelete()函数的具体实现,代码如下:

```
1. const handleDelete = (row) =>{
2.   const ids2delete = row.id || ids;
```

```
3.  ElMessageBox.confirm('确认删除 ID 为"' + ids2delete + '"的分类?',
4.    '警告', { confirmButtonText: '删除', cancelButtonText: '取消', type: 'warning'})
5.  .then(() => {
6.    CategoryService.del(ids2delete)
7.      .then(() => {
8.        getList();
9.        ElMessage.success("删除成功");
10.     })
11. .catch(() =>{
12.     ElMessage({ type: 'warning', message: '删除失败!', duration:1200});
13.   })
14. })
15. }
```

其中代码的第2行，在handleDelete()函数中，ids2delete变量被设计为存储待删除分类的ID集合，以支持批量删除操作。其赋值逻辑通过row.id || ids实现，旨在优先从当前行数据(row)中提取ID，若当前行值不存在，则通过复选框方式收集ID集合值(ids)。

第3～14行，当调用ElMessageBox.confirm()方法弹出确认框后，用户单击“删除”按钮将触发第6行的删除操作。

第6行，调用了API层的删除函数。如果删除成功，第7～10行将刷新列表并显示“删除成功”的消息框；若删除过程中出现异常，则第11～13行，将刷新列表并显示“删除失败”的消息框。

2. 批量删除

除了以上单项数据删除外，还可以通过选中多行复选框来实现批量删除的功能。

(1) 视图中加上批量用的“删除”按钮。

在查询表单下方，添加一个“删除”按钮，并将之与原有的“新增”按钮整合到同一个el-row组件内，单击“删除”按钮时触发执行handleDeleteBatch()函数，具体实现代码如下：

```
<el-row>
  <el-button type="danger" @click="handleDeleteBatch">删除</el-button>
  <el-button type="primary" @click="visibleDialog = true; titleOp = '新增';">新增
</el-button>
</el-row>
```

(2) 编写删除脚本。

捕获复选框中选中的分类ID，并定义批量删除功能函数，代码如下：

```
1. let ids = ref({})                          //复选框选中 ids
2. const handleSelectionChange = (selection) =>{
```

```
3.   ids = selection.map(item => item.id)
4. }
5. const handleDeleteBatch = ( ) =>{
6.   handleDelete(ids)
7. }
```

对上述代码具体说明如下。

第 1 行，声明了响应式变量 ids，用于放置复选框选中行的 id 值。

第 2～4 行，handleSelectionChange()函数用于响应 el-table 组件的 selection-change 事件，即复选框选择状态变更时触发。该函数内部，利用数组的 map()方法遍历选中项，从中提取每个项的 ID，并将这些 ID 组织成一个数组，最终将该数组赋值给 ids 变量，以记录当前所有被选中的项的 ID 集合。

第 5～7 行，实际上，批量删除操作也是通过调用 handleDelete(ids)函数来实现的。

3. 增加 API 层删除函数

在 src/api/Category.js 文件中新增一个删除函数 del()，并导出以供其他模块使用，代码如下：

```
export function del(ids) {
  return axios.delete("/category/" + ids);
}
```

该删除函数 del()通过 Axios 组件发起一个 DELETE 请求，调用后端 API 接口，以完成删除分类数据的功能。

6.4.3 测试功能

测试分类删除功能，过程如下。

在 Chrome 浏览器中打开“分类管理”界面，可先新增 1 条“测试分类”数据。

进入列表界面后，单击新增行右侧的“删除”按钮，然后在“警告”对话框中单击“删除”按钮以执行删除操作，如图 6-18 所示。

页面返回分类列表，可发现相应数据行已被删除，如图 6-19 所示。

接着测试批量删除功能：

新增 3 行测试分类数据后，在刷新的分类列表中选择这 3 行数据，单击左上方批量“删除”按钮，系统将弹出“警告”对话框，单击“警告”对话框中“删除”按钮，以执行批量删除操作，如图 6-20 所示。

页面返回分类列表，可发现相应 3 行数据已被成功删除，如图 6-21 所示。

至此，分类信息的删除功能已成功实现。

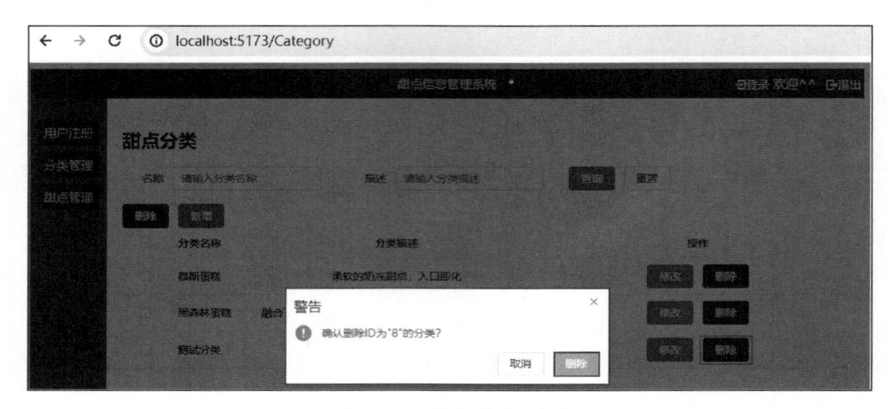

图 6-18　单行数据删除

图 6-19　单行数据删除成功

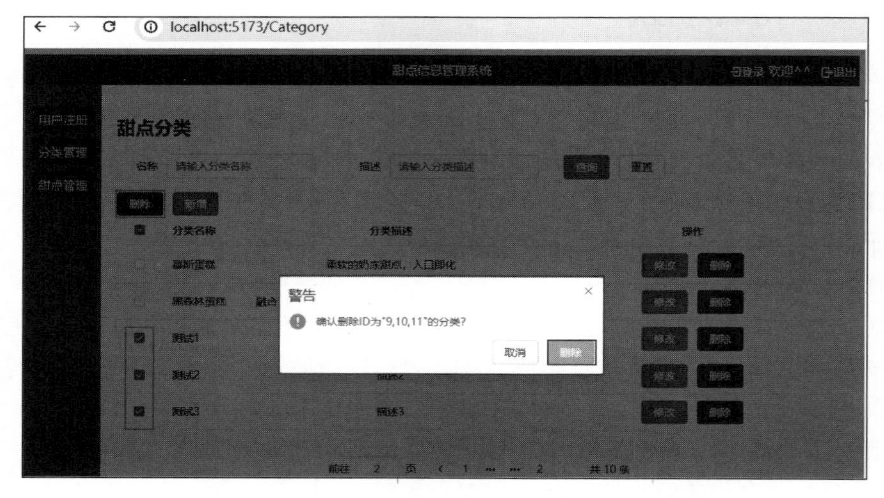

图 6-20　选择多行数据进行批量删除

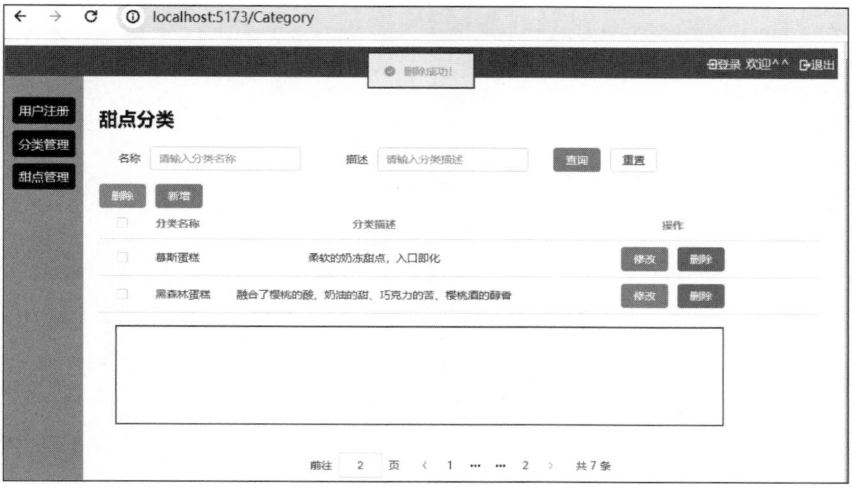

图 6-21　批量删除成功

6.5　控制器父类

控制器父类 BaseController 提供了一系列 Web 层通用数据处理的方法，包括日志记录、分页处理和统一响应结果封装等，从而简化了 Web 应用程序中控制器代码的编写和维护。子类控制器通常会继承 BaseController 类，并在此基础上进行必要的逻辑扩充，以满足特定的业务需求。

BaseController 类具体代码，参考如下：

```
package com.example.prjbackend.common.core.controller;
import com.github.pagehelper.PageHelper;
import com.github.pagehelper.PageInfo;
import com.example.prjbackend.common.core.domain.AjaxResult;
import com.example.prjbackend.common.core.page.PageDomain;
import com.example.prjbackend.common.core.page.TableDataInfo;
import com.example.prjbackend.common.core.page.PageParamUtil;
import org.slf4j.Logger;
import org.slf4j.LoggerFactory;
import java.util.List;
/**
 * Web 层通用数据处理
 */
public class BaseController {
  protected final Logger logger = LoggerFactory.getLogger(this.getClass());

  /** 设置分页参数(pageNum 页码、pageSize 每页显示行数、orderBy 排序子句),
      并初始化分页对象 */
```

```
    protected void startPage()  {
        //从前端获取分页参数
        PageDomain pageDomain = PageParamUtil.createPageRequest();
        Integer pageNum = pageDomain.getPageNum();
        Integer pageSize = pageDomain.getPageSize();
        String orderBy = pageDomain.getOrderBy();
        //初始化实现分页的对象
        PageHelper.startPage(pageNum, pageSize, orderBy);
    }

    /** 返回分页数据 */
    protected TableDataInfo getDataByPage(List<?> list)  {
        TableDataInfo tableData = new TableDataInfo();
        tableData.setCode(200);
        tableData.setMsg("查询成功");
        tableData.setRows(list);
        tableData.setTotal(new PageInfo(list).getTotal());
        return tableData;
    }

    /**
     * 响应返回结果
     * @param rows 影响行数
     * @return 操作结果
     */
    protected AjaxResult toAjax(int rows) {
        return rows > 0 ? AjaxResult.success() : AjaxResult.error();
    }
}
```

关于控制器基础类 BaseController 的核心阐述如下。

(1) BaseController 类中引用了分页插件 PageHelper。对此需要在 pom.xml 文件中引入 PageHelper 依赖,代码如下:

```
<dependency>
    <groupId>com.github.pagehelper</groupId>
    <artifactId>pagehelper-spring-boot-starter</artifactId>
    <version>1.4.6</version>
</dependency>
```

(2) BaseController 类使用了 PageDomain 类。该类用于设置分页的起始索引、每页显示行数、排序列和排序方式。PageDomain 类具体代码,参考如下:

```
package com.example.prjbackend.common.core.page;
import lombok.Data;
```

```
@Data
public class PageDomain {
  private Integer pageNum;                    // 起始索引
  private Integer pageSize;                   // 每页显示数量
  private String orderByColumn;               // 排序列
  private String isAsc = "asc";               // 排序方式 "desc" 或者 "asc"
  public String getOrderBy() {
    if (orderByColumn == null || orderByColumn.trim().equals("")) {
      return "";
    }
    return orderByColumn + " " + isAsc;
  }
  public void setIsAsc(String isAsc) {
    this.isAsc = "ascending".equals(isAsc)?"asc":"desc";
  }
}
```

(3) BaseController 中引用了辅助工具类 PageParamUtil 来捕获分页相关请求参数。PageParamUtil 类的核心功能是 createPageRequest()方法，该方法负责根据请求参数构建 PageDomain 分页参数对象，以便在分页查询中使用。PageParamUtil 类具体代码，参考如下：

```
package com.example.prjbackend.common.core.page;
import org.springframework.web.context.request.RequestContextHolder;
import org.springframework.web.context.request.ServletRequestAttributes;

public class PageParamUtil {
  public static final String PAGENUM = "pageNum";             // 起始索引
  public static final String PAGESIZE = "pageSize";           // 每页显示行数
  public static final String ORDERCOLUMN = "orderByColumn"; // 排序列
  public static final String ISASC = "isAsc";                 // 排序方式 "desc" 或者 "asc"

  // 获取当前 HTTP 请求中指定名称的参数值
  private static String getParameter(String name)   {
    ServletRequestAttributes attributes
          = (ServletRequestAttributes) RequestContextHolder.getRequestAttributes();
    return attributes.getRequest().getParameter(name);
  }
  // 构建分页对象 PageDomain
  public static PageDomain createPageRequest()   {
    PageDomain pageDomain = new PageDomain();
    pageDomain.setPageNum(Integer.valueOf(
      getParameter(PAGENUM) == null?"1":getParameter(PAGENUM)));
    pageDomain.setPageSize(Integer.valueOf(
      getParameter(PAGESIZE) == null?"10":getParameter(PAGESIZE)));
```

```
        pageDomain.setPageSize(Integer.valueOf(getParameter(PAGESIZE)));
        pageDomain.setOrderByColumn(getParameter(ORDERCOLUMN));
        pageDomain.setIsAsc(getParameter(ISASC));
        return pageDomain;
    }
}
```

(4) BaseController 类在处理请求时，引用了 TableDataInfo 类来封装并返回列表数据。TableDataInfo 类作为一个数据载体，专门负责整理和打包需要返回给客户端的列表数据，确保数据的结构化和易读性。这样，BaseController 类能够高效地与前端进行数据交互，提供清晰的数据响应。TableDataInfo 类具体代码，参考如下：

```
package com.example.prjbackend.common.core.page;
import lombok.Data;
import java.io.Serializable;
import java.util.List;

@Data
@NoArgsConstructor                                         // 生成无参构造
public class TableDataInfo implements Serializable {
  private long total;                                      // 总记录数
  private List<?> rows;                                    // 列表数据
  private int code;                                        // 消息状态码
  private String msg;                                      // 消息内容
  public TableDataInfo(List<?> list, int total)  { // list 为列表数据, total 为总记录数
    this.rows = list;
    this.total = total;
  }
}
```

(5) 在 BaseController 类中处理响应返回时引用了 AjaxResult 类。AjaxResult 类是一个用于封装 AJAX 响应的实用类，定义了标准的响应结构，包括状态码(code)、消息(msg)和数据(data)；可简化 AJAX 响应的创建过程，通过静态方法快速创建成功或失败的响应对象，并支持链式调用以添加更多键值对。AjaxResult 类具体代码，参考如下：

```
package com.example.prjbackend.common.core.domain;
import lombok.Data;
import lombok.NoArgsConstructor;
import java.util.HashMap;

@NoArgsConstructor
public class AjaxResult extends HashMap<String, Object> {
  public static final String CODE_TAG = "code";       /** 状态码 */
  public static final String MSG_TAG = "msg";         /** 返回内容 */
  public static final String DATA_TAG = "data";       /** 数据对象 */
```

```
    public AjaxResult(int code, String msg) {
        super.put(CODE_TAG, code);
        super.put(MSG_TAG, msg);
    }
    public AjaxResult(int code, String msg, Object data) {
        super.put(CODE_TAG, code);
        super.put(MSG_TAG, msg);
        super.put(DATA_TAG, data);
    }

    public static AjaxResult success() {
        return AjaxResult.success("操作成功");
    }
    public static AjaxResult success(Object data) {
        return AjaxResult.success("操作成功", data);
    }
    public static AjaxResult success(String msg) {
        return AjaxResult.success(msg, null);
    }
    public static AjaxResult success(String msg, Object data) {
        return new AjaxResult(200, msg, data);
    }

    public static AjaxResult error() {
        return AjaxResult.error("操作失败");
    }
    public static AjaxResult error(String msg) {
        return AjaxResult.error(msg, null);
    }
    public static AjaxResult error(String msg, Object data) {
        return new AjaxResult(500, msg, data);
    }
    public static AjaxResult error(int code, String msg) {
        return new AjaxResult(code, msg, null);
    }

    @Override
    public AjaxResult put(String key, Object value) {
        super.put(key, value);
        return this;
    }
}
```

（6）在项目实践中，BaseController类及其相关类通常作为框架的一部分被直接集成到项目中，无须修改。开发者在编写自定义控制器时，通过继承BaseController类，可以快速实现基础的分页、日志记录等功能，并专注于实现具体的业务逻辑。一个典型的BaseController子类的实现示例，代码如下：

```
package com.example.prjbackend.controller;
import com.example.prjbackend.common.core.controller.BaseController;
import com.example.prjbackend.common.core.domain.AjaxResult;
import com.example.prjbackend.common.core.page.TableDataInfo;
import com.example.prjbackend.domain.Category;
import com.example.prjbackend.service.CategoryService;
import com.github.pagehelper.PageHelper;
import org.springframework.beans.factory.annotation.Autowired;
import org.springframework.web.bind.annotation.*;
import java.util.Arrays;
import java.util.List;

@CrossOrigin                              //实现跨域请求
@RestController
@RequestMapping("/category")
public class CategoryController extends BaseController {
  @Autowired
  CategoryService categoryService;
  /**  新增  */
  @PostMapping  //url:/category
  public AjaxResult add(@RequestBody Category category) {
    return toAjax(categoryService.add(category));
  }
  /**  查询列表  */
  @GetMapping //url:/category
  public TableDataInfo list(Category category) {
    startPage();
    List<Category> list = categoryService.selectList(category);
    return getDataByPage(list);
  }
  /**  编辑  */
  @PutMapping  //url:/category
  public AjaxResult edit(@RequestBody Category category) {
    return toAjax(categoryService.edit(category));
  }
  /**  删除  */
  @DeleteMapping("/{ids}")
  public AjaxResult remove(@PathVariable Long[] ids) {
    System.out.println("ids 2 delete: " + Arrays.stream(ids).toList());
    return toAjax(categoryService.delete(ids));
  }
}
```

6.6 练习

实现“员工管理系统”项目中的部门管理模块。这一模块的核心功能包括部门数据的查询分页显示、新增、编辑和删除。

(1) 实现控制器父类。

设计并实现一个控制器父类 BaseController，以提供包括分页处理和统一响应结果封装等 Web 层通用数据处理的方法。其代码实现可参考 6.5 节的内容。

(2) 实现部门新增功能。

提示：其前后端代码实现可参考 6.1 节的内容。

(3) 实现部门查询分页显示功能。

提示：其前后端代码实现可参考 6.2 节的内容。

(4) 实现部门编辑功能。

提示：其前后端代码实现可参考 6.3 节的内容。

(5) 实现部门删除功能。

提示：其前后端代码实现可参考 6.4 节的内容。

第 7 章

甜点管理模块实现

本章主要实现甜点信息的列表显示、新增、编辑和删除功能。相较于分类信息管理，甜点信息管理在实现上要复杂些。

视频讲解

7.1 甜点列表

甜点列表功能的实现过程，同样包含 Spring Boot 后端架构与 Vue 3 前端框架的协同开发。开发者可参考第 6 章中的列表章节内容来实施。

7.1.1 后端实现

1. 创建实体类 Dessert、DessertDetail、DessertQueryParam

（1）创建实体类 Dessert。

使用 IDEA 开发工具，在后端项目的 com.example.prjbackend.domain 包中创建实体类 Dessert，其结构可参考数据表 Dessert，代码如下：

```
1. package com.example.prjbackend.domain;
2. import lombok.Data;
3. import org.springframework.format.annotation.DateTimeFormat;
4. import java.util.Date;
5. @Data
6. public class Dessert {
7.   Long id;
8.   String name;
9.   String photoUrl;
10.   Double price;
11.   String descp;
12.   @DateTimeFormat(pattern = "yyyy-MM-dd")          //匹配浏览器上传日期格式
13.   Date releaseDate;
14.   Long catId;                                      //此处不用 MyBatis"一对一"实现
15. }
```

第 12 行代码，为了确保 releaseDate 字段能够正确解析从浏览器上传的日期，避免潜在的格式异常，需要在该字段上添加@DateTimeFormat(pattern="yyyy-MM-dd")注解，以指定预期的日期格式。

(2) 创建实体类DessertDetail。

为了满足甜点列表显示的详细需求，在后端项目的com.example.prjbackend.domain包中新增一个实体类DessertDetail，代码如下：

```
1. package com.example.prjbackend.domain;
2. import com.fasterxml.jackson.annotation.JsonFormat;
3. import lombok.Data;
4. import java.util.Date;
5. @Data
6. public class DessertDetail {
7.   Long id;
8.   String name;
9.   String photoUrl;
10.  Double price;
11.  String descp;
12.  @JsonFormat(pattern = "yyyy - MM - dd", timezone = "GMT + 8")        //转 json 格式
13.  Date releaseDate;
14.  String categoryName;
15.  Long catId;
16. }
```

第12行代码，在releaseDate字段上添加@JsonFormat注解，通过配置其pattern属性为"yyyy-MM-dd"以及timezone为"GMT+8"，以确保在处理返回请求时，releaseDate字段能够按照指定日期格式和时区转换为正确的JSON格式结果。

注意：使用Dessert还是DessertDetail，与应用场合相关。例如，进行添、删、改数据时，使用Dessert类；显示甜点列表数据时，使用DessertDetail类。

(3) 创建实体类DessertQueryParam。

为了支持甜点查询条件的功能，在后端项目的com.example.prjbackend.domain包中新增一个名为DessertQueryParam的实体类，用于封装查询时所需的参数，代码如下：

```
1. package com.example.prjbackend.domain;
2. import lombok.Data;
3. @Data
4. public class DessertQueryParam{
5.   Integer catId;
6.   String name;
7.   String descp;
8.   Double price1;
9.   Double price2;
```

```
10.   public void setName(String name) {          //MyBatis 动态查询:null 时不用查询
11.     this.name = name;
12.     if("".equals(this.name)){
13.       this.name = null;
14.     }
15.   }
16.   public void setDescp(String descp) {        //MyBatis 动态查询:null 时不用查询
17.     this.descp = descp;
18.     if("".equals(this.descp)){
19.       this.descp = null;
20.     }
21.   }
22. }
```

第5～9行代码，甜点查询条件包括分类ID(catId)、名称(name)、描述(descp)以及单价范围(price1、price2)。进一步地，在代码的第10～21行，特别编写了setName()和setDescp()两个方法。这两个方法会将传入的空字符串自动转换为null值，这样可简化MyBatis中动态查询语句的编写，仅判断null情况就可以了。

2. 创建控制器类DessertController

在com.example.prjbackend.controller包中，创建一个名为DessertController的控制器类，用于接收和响应与甜点列表相关的HTTP请求，代码如下：

```
1. package com.example.prjbackend.controller;
2. import com.example.prjbackend.common.core.controller.BaseController;
3. import com.example.prjbackend.common.core.domain.AjaxResult;
4. import com.example.prjbackend.common.core.page.TableDataInfo;
5. import com.example.prjbackend.domain.*;
6. import com.example.prjbackend.service.DessertService;
7. import org.springframework.beans.factory.annotation.Autowired;
8. import org.springframework.web.bind.annotation.*;
9. import java.util.*;
10. @CrossOrigin                   //实现跨域请求
11. @RestController
12. @RequestMapping("/dessert")
13. public class DessertController extends BaseController {
14.   @Autowired
15.   DessertService dessertService;
16.   @GetMapping   // url: /dessert
17.   public TableDataInfo list(DessertQueryParam queryParam) {
18.     startPage();
19.     List<DessertDetail> list = dessertService.selectList(queryParam);
20.     return getDataByPage(list);
21.   }
22. }
```

其中代码的第 10 行，为了确保 Vue 3 前端能够顺利访问后端 API(即 Spring Boot 中控制器的方法)，此处使用了@CrossOrigin 注解来实现跨域请求的处理。如果不采取这一措施，浏览器基于同源策略的安全限制，将会阻止前端应用向后端 API 发起请求，从而导致跨域资源共享(CORS)错误的发生。

第 11 行，用@RestController 注解表明 DessertController 类是一个控制器。

第 13 行，控制器类 DessertController 继承自控制器基类 BaseController。BaseController 类位于 common. core. controller 包中，旨在处理 Web 层的通用数据逻辑，包括分页数据处理以及统一响应结果的生成等，具体代码可参考 6.5 节内容。

第 16 行，在 DessertController 类之上使用@RequestMapping("/dessert")和@GetMapping 注解，则使用 GET 方式访问"/dessert"时，会映射到 list(queryParam)方法进行处理。

第 18 行的 startPage()方法在父类 BaseController 中定义，以完成分页和排序参数设置。

3. 创建服务类 DessertService

在 com. example. prjbackend. service 包中创建甜点服务类 DessertService，在该服务类中用 list()方法处理列表功能，代码如下：

```
1. package com.example.prjbackend.service;
2. import com.example.prjbackend.domain.*;
3. import com.example.prjbackend.mapper.DessertMapper;
4. import org.springframework.beans.factory.annotation.Autowired;
5. import org.springframework.stereotype.Service;
6. import java.util.List;
7. @Service
8. public class DessertService {
9.    @Autowired
10.   private DessertMapper dessertMapper;
11.   public List<DessertDetail> selectList(DessertQueryParam dessertQueryParam) {
12.     return dessertMapper.selectList(dessertQueryParam);
13.   }
14. }
```

其中代码的第 7 行，用@Service 注解将 DessertService 类标识为一个服务类，应用启动时会将该类对象加载到 Spring 容器中，以便在应用程序的其他部分中通过依赖注入等方式进行使用。

第 9 行，用@Autowired 完成 dessertMapper 属性的自动装配。

第 11～13 行，为列表方法。让已装配的 dessertMapper 对象调用 selectList()方法完成列表操作，并返回 List < DessertDetail >类型的结果。

4. 创建 Mapper 接口 DessertMapper

创建 Mapper 接口 DessertMapper，代码如下：

```
1. package com.example.prjbackend.mapper;
2. import com.example.prjbackend.domain.*;
3. import org.apache.ibatis.annotations.*;
4. import java.util.List;
5. @Mapper
6. public interface DessertMapper {
7.   @Select("<script>" +
8.    "select d.id,d.name,photoUrl,price,d.descp,release_date releaseDate, " +
9.    "cat_id CategoryId,c.name categoryName,cat_id catId " +
10.   "from dessert d left join category c on d.cat_id = c.id " +
11.     "<where>" +
12.       "<if test='catId != 0'> and cat_id = #{catId} </if>" +
13.       "<if test='name != null'> and d.name like CONCAT('%',#{name},'%') </if>" +
14.       "<if test='descp != null'> and d.descp like CONCAT('%',#{descp},'%') </if>" +
15.       "<if test='price1 != null and price2 != null'>" +
16.         "and (price between #{price1} and #{price2}) </if>" +
17.     "</where>" +
18.   "</script>")
19.   List<DessertDetail> selectList(DessertQueryParam dessertQueryParam);
20. }
```

其中代码的第 5 行，通过@Mapper 注解标记 DessertMapper 是一个 MyBatis 的 Mapper 接口。在 Spring Boot 应用启动时，Spring 容器会自动检测并创建该接口的代理对象，以便在应用程序的其他部分中通过依赖注入等方式进行使用。

第 7～19 行，当调用 selectList(DessertQueryParam)方法时，将执行 7～18 行的 Select 语句。该 Select 语句中，使用<where>标签动态拼接查询条件：第 12 行判断 catId 字段值不为 0 时，会在查询条件中添加“and cat_id = #{catId}”部分；第 13 行判断 name 字段值不为 null 时，会添加“and name like CONCAT('%',#{name},'%')”部分；第 14 行判断 descp 字段值不为 null 时，会添加“and descp like CONCAT('%',#{descp},'%')”部分；第 15～16 行，判断 price1 和 price2 字段值都不为 null 时，会添加“and (price between #{price1} and #{price2})”部分。

注意：MyBatis 的<where>标签会自动移除多余的逗号，确保生成的 SQL 语句语法正确。

7.1.2 前端实现

在 Dessert.vue 组件文件中设计甜点列表功能界面；编写相应的脚本，利用 Axios 库与后端 API 的数据交互，从而实现甜点列表功能。

1. 界面设计

打开 VSCode 开发工具，在前端项目 prj_frontend 的 Vue 组件文件 Dessert.vue 中，设计列表和查询界面，代码如下：

```
1. <template>
2.  <div>
3.   <h2>甜点信息</h2>
4.   <!-- 查询表单:分类 catId,名称 name,描述 descp,价格区间 price1~price2 -->
5.   <el-form :model="queryParams" :inline="true" label-width="45px">
6.     <el-form-item label="分类">
7.      <el-select v-model="queryParams.catId" placeholder="请选择分类" style=
"width: 120px">
8.        <el-option v-for="item in listCategory"
9.          :key="item.id" :label="item.name" :value="item.id">
10.        </el-option>
11.       </el-select>
12.     </el-form-item>
13.     <el-form-item label="名称">
14.       <el-input v-model="queryParams.name" placeholder="请输入名称" style=
"width: 120px"
15.         @keyup.enter.native="handleQuery" />
16.     </el-form-item>
17.     <el-form-item label="描述">
18.      <el-input v-model="queryParams.descp" placeholder="请输入描述" style=
"width: 120px"
19.        @keyup.enter.native="handleQuery"/>
20.     </el-form-item>
21.     <el-form-item label="价格">
22.      <el-input v-model="queryParams.price1" placeholder="最低价" style="width:
70px"
23.        @keyup.enter.native="handleQuery"/> ~
24.      <el-input v-model="queryParams.price2" placeholder="最高价" style="width:
70px"
25.        @keyup.enter.native="handleQuery"/>
26.     </el-form-item>
27.     <el-form-item>
28.      <el-button type="primary" @click="handleQuery">查询</el-button>
29.      <el-button @click="resetQuery">重置</el-button>
30.     </el-form-item>
31.   </el-form>
32.   <!-- 列表 -->
33.   <el-table style="min-height:400px" v-loading="loading" :data="list"
34.     @selection-change="handleSelectionChange">
35.      <el-table-column type="selection" width="60" align="center" />
36.      <el-table-column label="ID" align="left" prop="id" v-if="false" />
37.      <el-table-column align="left" label="图片" width="60">
38.        <template #default="scope">
39.             <img style="width: 60px; height: 50px" :src="baseURL + scope.row.
photoUrl">
40.        </template>
41.      </el-table-column>
```

```
42.        <el-table-column label="甜点名称" align="left" prop="name" width="120"  />
43.        <el-table-column label="所属分类" align="left" prop="categoryName" width
   ="80"  />
44.        <el-table-column label="单价" align="left" prop="price" width="55"  />
45.        <el-table-column label="甜点描述" align="center" prop="descp" />
46.        <el-table-column label="发布日" width="100" align="center" prop=
"releaseDate"
47.            :formatter="dateFormat" />
48.        <el-table-column label="操作" width="200" align="center" >
49.         <template #default="scope">
50.          <el-button type="primary"
51.           @click="visibleDialog=true; titleOp='编辑';dessert=scope.row;">修改</
   el-button>
52.          <el-button type="danger" @click="handleDelete(scope.row)">删除</el-
   button>
53.         </template>
54.        </el-table-column>
55.      </el-table>
56.      <!-- 分页 -->
57.      <el-row type="flex" justify="center" align="middle">
58.        <el-pagination
59.         :current-page="queryParams.pageNum"
60.         :page-size="queryParams.pageSize"
61.         :total="total"
62.         :pager-count="0"
63.         style="text-align: center;margin-top: 20px;"
64.         layout="jumper, prev, pager, next, total"
65.         @current-change="handleCurrentChange" />
66.      </el-row>
67.    </div>
68. </template>
```

对上述核心代码具体说明如下。

第5行，通过“:model="queryParams"”代码，将表单el-form中的数据与响应式变量queryParams进行了绑定。

第6～12行，利用el-form-item组件定义了一个名为“分类”的表单项，此表单项通过v-model="queryParams.catId"属性，将响应式数据queryParams.value.catId与el-select下拉列表框选择值做双向绑定。为了动态生成下拉列表框的选项值，el-option组件通过v-for指令遍历listCategory变量中的每一项，其中listCategory值会在Dessert.vue组件初始化时从后端请求到。

第13～16行，利用el-form-item组件定义了一个名为“名称”的表单项。通过v-model="queryParams.name"属性，将响应式数据queryParams.value.name与el-input输入框值绑定；此外，通过@keyup.enter.native="handleQuery"监听Enter键事件，当用户按下Enter键时，将触发并执行查询函数handleQuery()。

第 17～20 行，利用 el-form-item 组件定义了一个名为“描述”的表单项。其代码作用类似于第 13～16 行。

第 21～26 行，利用 el-form-item 组件定义了一个名为“价格”的表单项。内部有 2 个 el-input 输入框（代表最低价和最高价），并分别与响应式数据 queryParams. value. price1 和 queryParams. value. price2 进行绑定。

第 27～30 行，在 el-form-item 中定义了两个按钮：“查询”按钮和“重置”按钮。单击单击“查询”按钮，将触发函数 handleQuery()，该函数基于当前表单的输入或选择条件从后端检索数据；单击“重置”按钮，将触发函数 resetQuery()，该函数的主要作用是重置表单的查询条件，以便用户重新输入或选择查询条件。

第 33～55 行，定义了一个 Element Plus 表格 el-table，用于显示列表信息。

第 33 行，style="min-height:300px" 设定了 表格 el-table 的最小高度，确保即使在显示行数较少的情况下也能保持足够的高度；v-loading="loading" 用于在数据加载过程中显示“转圈加载”的动画效果；“:data="list"”则指定表格 el-table 加载的数据，来源于脚本中定义的 list 变量。

第 35～54 行，用 el-table-column 组件定义了 8 个表格列。

第 35 行，通过 type="selection" 属性定义了选择列，允许用户进行多行选择。与此功能紧密相关的是，第 34 行 @selection-change="handleSelectionChange" 代码将 @selection-change 事件与 handleSelectionChange() 函数绑定，在每当选择状态发生变更时，均会触发 handleSelectionChange() 函数来处理。

第 36、42、43、44、45、46 行，通过 prop 属性将 el-table 组件列与“:data”指定的 list 集合中对象的属性名进行绑定，确保 list 集合内数据（每个对象包含 id、name、categoryName、price、descp、releaseDate 六个属性）能够直观地显示在表格的相应列（id、name、categoryName、price、descp、releaseDate）上。

第 48～54 行，定义了操作列，该列包含两个按钮，分别用于实现编辑和删除功能，具体实现细节则在后续内容中展开表述。

第 58～65 行，定义了一个 Element Plus 分页组件 el-pagination。

第 59 行，通过“:current-page="queryParams. pageNum"”指定当前页码值为 queryParams 对象中 pageNum 属性的值。

第 60 行，通过“:page-size="queryParams. pageSize"”指定每页显示行数值为 queryParams 对象的 pageSize 值。

第 61 行，通过“:total="total"”指定总行数为 total 值，注意该值通常经过后端查询后返回，是变化的。

第 62 行，通过“:pager-count="0"”指定总页数为 0 值，注意该值通常经过后端查询后返回，是变化的。

第 64 行，通过 layout="jumper, prev, pager, next, total" 明确定义分页布局，包含跳转框、前一页按钮、页码列表、后一页按钮以及总行数显示。

第65行，通过@current-change="handleCurrentChange"指定：当分页组件上页码发生改变时将自动触发执行handleCurrentChange()函数。

2. 前端脚本

在Vue组件文件Dessert.vue中，加上甜点显示列表和查询相关的脚本代码如下：

```
1. <script setup>
2. import * as DessertService from "../api/Dessert";
3. import * as CategoryService from "../api/Category";
4. import { reactive, ref } from "vue";
5. //列表操作变量
6. let baseURL = process.env.BASE_API    //在图片显示时 URL = 后端 baseURL + row.photoURL
7. let list = ref([])           //列表对象
8. let loading = ref(true)      //列表上的遮罩层开关 <el-table v-loading="loading" ...
9. let total = ref(0)           //总行数
10. let queryParams = ref({     //查询参数
11.   pageNum: 1,
12.   pageSize: 5,
13.   name: null,
14.   descp: null,
15.   catId: 0,                 //分类 id
16.   price1:null,
17.   price2:null,
18. })
19. //初始化分类列表
20. let listCategory = ref([]) //分类列表
21. CategoryService.list(ref({pageNum: 1, pageSize: 10000,}) ).then(resp => {
22.     listCategory.value = resp.data.rows
23.     listCategory.value.unshift({id:0, name:'请选择',descp:'',})
24. });
25. /** 查询列表 */
26. function getList() {
27.   loading.value = true;  //打开遮罩层
28.   DessertService.list(queryParams).then(resp => { //list()来自 api/dessert.js
29.     list.value = resp.data.rows
30.     total.value = resp.data.total
31.     loading.value = false; //关闭遮罩层
32.   });
33. }
34. getList()                   //进入组件,立即执行查询列表
35. /** 分页控件上单击页码 */
36. const handleCurrentChange = (val) =>{
37.   queryParams.value.pageNum = val
38.   getList()
39. }
40. //查询表单
41. /** 搜索操作 */
42. const handleQuery = () =>{
43.   queryParams.value.pageNum = 1;
44.   getList()
```

```
45. }
46. /** 重置操作 */
47. const resetQuery = () =>{
48.   queryParams.value.name = null
49.   queryParams.value.descp = null
50.   queryParams.value.catId = 0
51.   queryParams.value.price1 = null
52.   queryParams.value.price2 = null
53.   handleQuery();
54. }
55. /** 格式化日期:YY-MM-DD */
56. const dateFormat = (row,col) =>{
57.   let date = row[col.property]
58.   return date == undefined?'':date.substring(2);
59. }
60. </script>
```

对上述核心代码具体说明如下。

第7～18行，定义了4个响应式变量：list用于存储待加载至表格的甜点信息列表；loading作为控制列表上遮罩层显示与否的开关变量；total表示表格数据的总行数；queryParams作为查询参数对象。

第26～33行，定义了处理列表加载的函数。函数开始时显示遮罩层（第27行），并在函数结束时关闭遮罩层（第31行）。在函数内部，通过DessertService.list(queryParams)调用后端API来获取甜点信息列表（第28～32行）。接着，从响应数据resp.data.rows和resp.data.total中提取显示行数据和总行数，并将它们分别赋值给响应式变量list和total。这样，视图中的表格组件el-table和分页组件pagination就能根据这些变量显示相应的数据。

第34行，一旦进入组件，就调用getList()方法，从而立即触发查询列表以显示默认的数据列表。

第36～39行，handleCurrentChange()函数的主要功能是：当用户在分页控件上单击某个页码时，更新请求的页码号，并触发数据获取操作，以显示相应页码的内容。

第42～45行，handleQuery()函数的主要功能是：当用户执行搜索操作时，将页码重置为第1页，并触发数据获取操作，以显示与搜索条件匹配的数据。

第47～54行，resetQuery()函数的主要功能：重置搜索查询的所有参数（包括名称、描述、分类ID和价格范围）到它们的默认值，并触发无搜索条件的数据获取操作，以显示默认的数据列表。

第56～59行，dateFormat()函数的功能是对表格的日期列值进行特定的格式化处理：当表格中某一行的指定列（如“发布日”列）存在日期值时，该函数将返回从第3个字符起的子字符串；如果该值不存在，则返回空字符串。在Vue 3的模板中，可以通过设置日期列的“:formatter”属性为dateFormat()函数来应用此格式化功能，代码如下：

```
<el-table-column label="发布日" prop="releaseDate"  :formatter="dateFormat" />
```

3. 增加 API 层 list ()函数

在 src/api/目录下创建 Dessert.js 文件,并定义 list()函数,用于获取甜点列表数据,代码如下:

```
import axios from "../utils/request"
export function list(queryParams) {
    return axios.get("/dessert",{params: queryParams.value})
}
```

7.1.3 测试功能

测试甜点列表功能的过程如下所述。

(1) 在 Chrome 浏览器中打开"甜点管理"界面,显示了第 1 页的分页数据 5 行,同时分页组件也显示了共有 9 行,当前位于第 1 页,如图 7-1 所示。

图 7-1 显示甜点列表第 1 页数据

(2) 做翻页处理:单击分页组件上的页码 2,系统界面将显示第 2 页的 4 行数据,如图 7-2 所示。

(3) 测试查询功能:在"分类"下拉列表框中选择"传统甜点"作为筛选条件,单击"查询"按钮后,系统根据所选分类条件,成功检索并在界面上显示了 6 行匹配数据,如图 7-3 所示。

(4) 单击"重置"按钮,使"分类"下拉列表框恢复到其默认值"请选择"状态。在"名

图 7-2　显示翻页数据

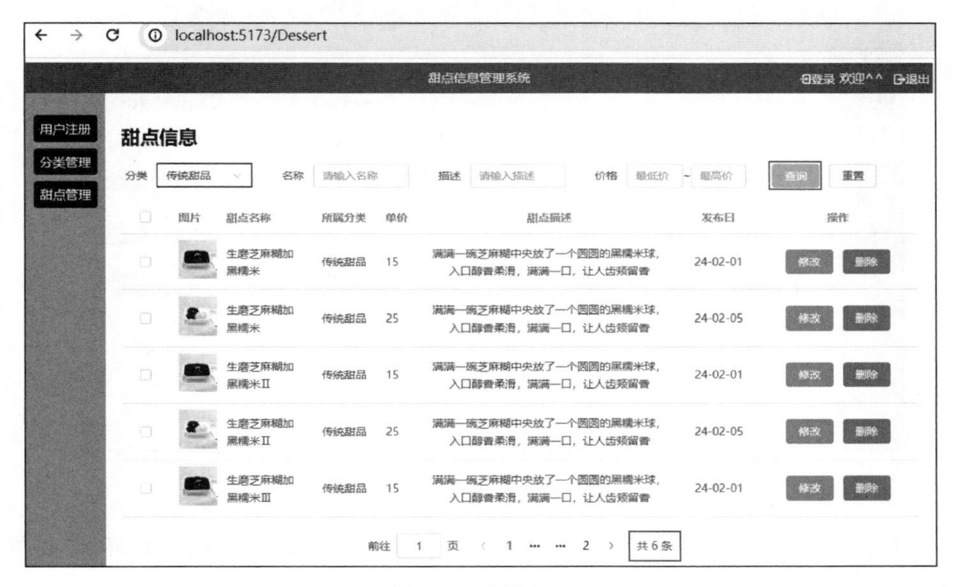

图 7-3　分类查询

称”输入框中输入“芝麻”，直接按 Enter 键或者单击“查询”按钮，进行名称模糊查询，将获得相应的匹配数据(6 行)，如图 7-4 所示。

(5) 单击“重置”按钮，将清空“名称”输入框内容，然后在“描述”输入框中输入“水果”，直接按 Enter 键或者单击“查询”按钮，进行描述模糊查询，将获得相应的匹配数据(3 行)，如图 7-5 所示。

图 7-4　名称模糊查询

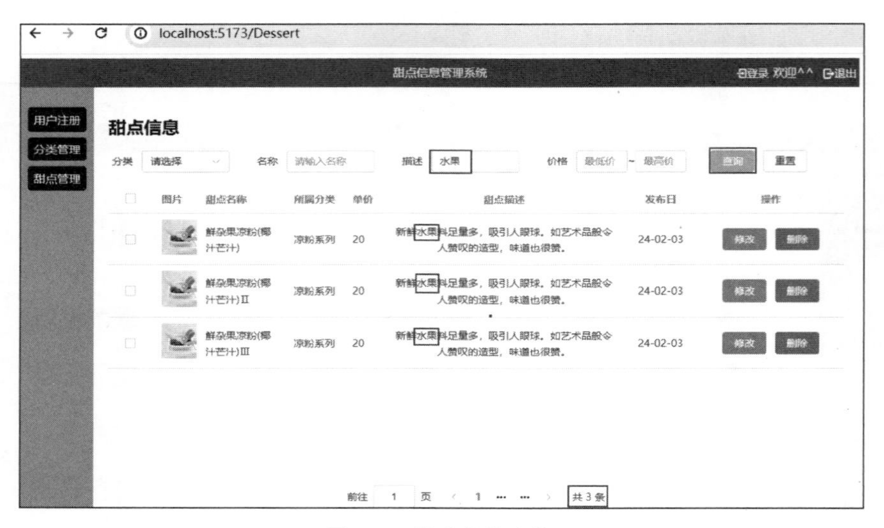

图 7-5　描述模糊查询

(6) 单击“重置”按钮，将清空“描述”输入框内容，然后输入最低价 15 和最高价 20，直接按 Enter 键或者单击“查询”按钮，进行价格区间查询，将获得相应的匹配数据(6 行)，如图 7-6 所示。

(7) 测试带条件分页查询：单击页码 2，在保持当前查询条件不变的情况下，得到相应的第 2 页数据，如图 7-7 所示。

至此，甜点列表功能已全部实现。

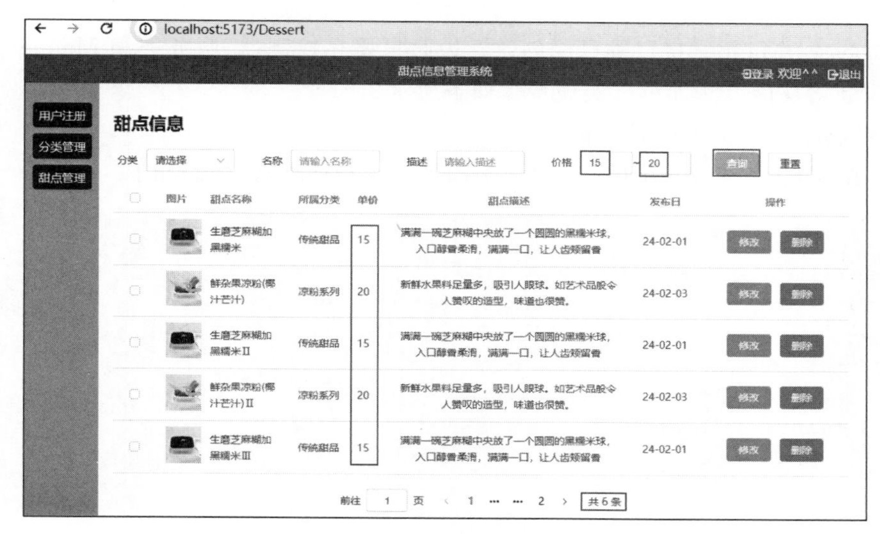

图 7-6　价格区间查询

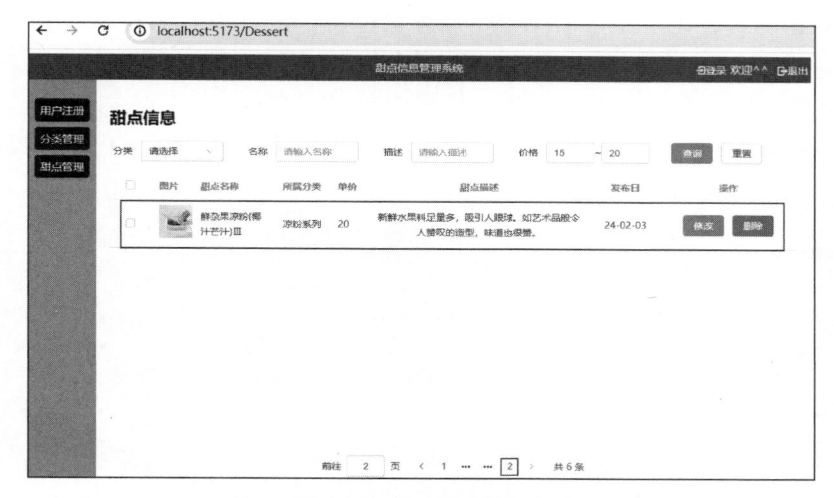

图 7-7　获取基于当前查询条件的分页数据

7.2　甜点新增

视频讲解

甜点新增功能的实现，涉及 Spring Boot 后端和 Vue 3 前端技术。其开发过程可以参考第 6 章的分类新增内容进行实施，但由于其功能复杂性有所增加，尤其是包括了更多的字段操作，以及图片文件上传与预览功能等，所以需要进行更详细的设计。

7.2.1　后端实现

Dessert 实体类、DessertDetail 实体类、DessertController 控制器类、DessertService

服务类、DessertMapper 接口等已经创建。为此只要在控制器、服务类和 Mapper 接口中增加相应新增功能方法即可。实现步骤如下所示。

1. 控制器类中实现新增功能

(1) 在控制器类 DessertController 中添加一个新增方法，代码如下：

```
...
@RequestMapping("/dessert")
  public class DessertController extends BaseController {
    ...
  @PostMapping
  public AjaxResult add(@RequestBody Dessert dessert) {
    return toAjax(dessertService.add(dessert));
  }
}
```

通过@PostMapping 注解，将 POST 方式"/dessert"请求映射到 add()方法进行处理。表单数据则封装在参数 dessert 中；新增操作实际转交 dessertService 的 add()方法处理。

(2) 在控制器类 DessertController 中添加上传图片方法。

此外，新增过程中，需要上传甜点图片文件。因此，在 DessertController 控制器类中额外添加一个上传图片方法，代码如下：

```
 1. @PostMapping("/upload")
 2. public String uploadPhoto(MultipartFile file) throws IOException {
 3.   String orignfileName = file.getOriginalFilename();              //获取文件名称
 4.   String ext = "." + FilenameUtils.getExtension(orignfileName); //截留".png"
 5.   String uuid = UUID.randomUUID().toString().replace("-", ""); //将名字中"-"去除
 6.   String fileName = uuid + ext;                                   //新的文件名
 7.   String dir = "../photo/";                                       //与项目同一个目录
 8.   String filePath = dir + fileName;                               //将名称与文件合并
 9.   FileUtils.copyInputStreamToFile(file.getInputStream(), new File(filePath));
10.   return filePath.replace("..","");
11.  }
```

对上述代码具体说明如下。

第 1～2 行，通过@PostMapping 注解，将 POST 方式"/dessert/upload"请求映射到 uploadPhoto()方法进行处理。

第 3～4 行，用于获取上传文件名称，然后截取其文件扩展名。

第 5～8 行，用于生成一个唯一的、不含短横线"-"的文件名，并将其与文件扩展名和存储路径组合，从而得到一个完整的文件路径。

第 9 行，用工具类 FileUtils 的 copyInputStreamToFile()方法来保存上传文件。

第 10 行，返回新文件目录给前端，必须移除路径中的上层目录符号".."，以确保与配

置类 framework. web. MVCConfig 中定义的 URL 到本地文件的映射规则一致，从而便于前端正确地通过映射后的 URL 访问到相应的文件资源。

以上第 3～10 行实现逻辑，可以重构为项目工具类方法，如创建 utils. UploadUtil 类，并在类中定义 uploadPhoto(MultipartFile file)方法。这样可以提高代码复用性。

(3) 引入依赖包 commons-io，以便使用文件工具类。

因为使用了工具类 FilenameUtils 和 FileUtils，所以需要引入依赖包 commons-io，在 pom. xml 中添加如下代码：

```
<dependency>
  <groupId>commons-io</groupId>
  <artifactId>commons-io</artifactId>
  <version>2.6</version>
</dependency>
```

2. 在服务类中增加新增方法

在服务类 DessertService 中新增 add()方法，代码如下：

```
public int add(Dessert dessert) {
  return dessertMapper.insert(dessert);
}
```

定义了一个新增方法 add()。该方法通过调用已装配的 dessertMapper 对象的 insert()方法，完成了数据的实际新增操作。该方法返回一个 int 类型的值，表示该操作所影响的记录数。

3. 在数据访问层接口中增加新增方法

在 Mapper 接口类 CategoryMapper 中，添加一个新增方法 insert()，代码如下：

```
@Insert("insert into dessert (name, photoUrl, price, descp, release_date, cat_id)" +
  " values(#{name}, #{photoUrl}, #{price}, #{descp}, #{releaseDate}, #{catId})")
int insert(Dessert dessert);
```

当调用 insert()方法时，MyBatis 框架会自动执行相应的 SQL Insert 语句操作，将传入的 Dessert 对象的信息映射并插入数据表 dessert 中。

7.2.2　前端实现

在 Dessert. vue 组件文件中设计新增甜点功能界面；编写相应的脚本，利用 Axios 库与后端 API 的数据交互，从而实现新增甜点数据的功能。

1. 界面设计

使用 VSCode 开发工具，打开前端项目 prj_frontend，在组件文件 Dessert. vue 内添加“新增”按钮，以及一个与之关联的“新增功能”对话框，代码如下：

```
1. <el-row>
2. <!-- <el-button type="danger" @click="handleDeleteBatch">删除</el-button> -->
3. <el-button type="primary" @click="visibleDialog = true; titleOp = '新增';">新增
</el-button>
4. </el-row>
```

其中代码的第 2 行，预留了“删除”按钮，为后续(7.4 节)做删除操作时使用。

第 3 行，利用 el-button 组件定义了“新增”按钮。@click 属性来监听该“新增”按钮的单击事件，当按钮被单击时执行相应处理代码：将可见性标志 visibleDialog 设置为 true 以显示对话框，并将对话框的标题 titleOp 设置为“新增”。

设计新增对话框 el-dialog(实际也是编辑对话框，两者复用)，代码如下：

```
1. <el-dialog v-model="visibleDialog" :title="titleOp" width="400">
2.  <el-form :rules="saveRules" ref='saveForm' :model="dessert" >
3.   <el-row>
4.    <el-col :span="12">
5.     <el-form-item>
6.      <el-input v-model="dessert.id" placeholder="ID" :disabled="true" />
7.     </el-form-item>
8.     <el-form-item prop="catId">
9.      <el-select v-model="dessert.catId" placeholder="选择分类">
10.      <el-option v-for="item in listCategory"
11.        :key="item.id" :label="item.name" :value="item.id" />
12.     </el-select>
13.    </el-form-item>
14.    <el-form-item prop="name" >
15.      <el-input v-model="dessert.name" placeholder="甜点名称"/>
16.    </el-form-item>
17.    <el-form-item prop="price" >
18.      <el-input v-model="dessert.price" placeholder="单价"/>
19.    </el-form-item>
20.    <el-form-item prop="releaseDate" >
21.      <el-date-picker v-model="dessert.releaseDate" type="date"
22.        style="width:400px"
23.        placeholder="选择发布日" value-format="YYYY-MM-DD" />
24.    </el-form-item>
25.    </el-col>
26.    <el-col :span="11" style="margin-left: 3px;">
27.     <el-form-item prop="photoUrl">
28.       <el-upload class="avatar-uploader" style="margin: 0 auto; "
29.        :action="baseURL + '/dessert/upload'"
30.        :show-file-list="false"
31.        :before-upload="beforeAvatarUpload"
32.        :on-success="handleAvatarSuccess">
33.       <img v-if="imageUrl" :src="imageUrl" class="avatar" />
```

```
34.          <i v-else class="el-icon-plus avatar-uploader-icon" style="font-size: 13px;">
35.          单击上传小于 2M</i>
36.        </el-upload>
37.      </el-form-item>
38.      <el-form-item prop="descp">
39.        <el-input type="textarea" :rows="3" style="height: 90px;"
40.          v-model="dessert.descp" placeholder="甜点描述" />
41.      </el-form-item>
42.      <el-button type="primary" @click="save">确认</el-button>
43.     </el-col>
44.   </el-row>
45.  </el-form>
46. </el-dialog>
```

对上述代码中的核心代码说明如下。

第1行，用 v-model="visibleDialog"和:title="titleOp"控制对话框的显示和标题值的设置。

第2～45行，使用 el-form 组件来收集新增信息。el-form 设置":model"属性，用于绑定表单元素的数据。此处，将 dessert 对象作为数据源设置于":model"属性上，确保该 dessert 对象的属性名(如 id、catId、name、price、releaseDate、photoUrl、descp)与表单元素的 v-model 属性值(如 category. id、category. catId、category. name、category. price、category. releaseDate、category. photoUrl、category. descp)相匹配，即可收集到相应表单元素的数据。此外，注意第2行 el-form :rules="saveRules" ref='saveForm'代码，saveRules 用于引用本表单的验证规则，而通过 saveForm 可访问表单实例，进行表单验证等操作，如调用 saveForm. validate()方法，就会按照 saveRules 中指定规则进行表单字段的验证。

第5～7行，用 el-form-item 和 el-input 组合，定义了表单元素 ID。因为 ID 为自动增量产生，因此用":disabled="true""设置为不可输入。按照客户需求，ID 字段通常不会在界面上显示，实际项目中可设置不可见。

第8～13行，使用 el-form-item 组件包装表单元素 catId(分类)，内部集成 el-select 组件，配合 v-for 指令迭代 listCategory 数据集，以动态生成 el-option 下拉列表选项。同时，使用 v-model 指令实现 dessert. catId 变量与 el-option 中所选项值之间的双向绑定。

第14～16行，使用 el-form-item 和 el-input 定义了表单元素 name(甜点名称)，并通过 v-model 指令实现 dessert. name 变量与表单元素 name 之间的双向绑定。

第17～19行，用 el-form-item 和 el-input 定义了表单元素 price(单价)。并通过 v-model 指令实现 dessert. price 变量与表单元素 price 之间的双向绑定。

第20～24行，用 el-form-item、el-date-picker 定义了表单元素 releaseDate(发布日)。el-date-picker 为日期选择器，type="date"指示弹出框只让用户选择日期部分，value-format="YYYY-MM-DD"则指定了选择器的结果格式(注意,value-format 格式应该和后端接收格式一致),并通过 v-model 指令实现 dessert.releaseDate 变量与表单元素 releaseDate 之间的双向绑定。

第 27~37 行,使用 el-form-item 与 el-upload 组件定义了一个图片上传功能,其实现依据可参考 Element Plus 官方文档的上传组件相关参考页。在代码的第 29 行,上传的 URL 地址通过动态拼接而来,基地址(baseURL)来源于 Vite 配置类中的 framework.web.MVCConfig 配置项(参见 4.4.3 节),确保上传地址的灵活性与配置的一致性。第 31 行中的":before-upload="beforeAvatarUpload""与":on-success="handleAvatarSuccess""属性,分别指定了文件上传前执行的处理函数和上传成功后触发的处理函数。第 33~35 行,实现了图片上传结果的条件显示逻辑:当 imageUrl 值存在时,显示已上传的图片,否则,显示提示信息"单击上传小于 2M"。

第 38~41 行,用 el-form-item 和 el-input 组件定义了表单文本框元素 descp(甜点描述),并通过 v-model 指令实现 dessert.descp 变量与表单元素之间的双向绑定。

第 42 行,提交"确认"按钮后,将触发执行 save()函数。

此外,需要 CSS 设置显示样式,代码如下:

```
1. <style>
2.   .avatar-uploader .el-upload {
3.   border: 1px dashed #d9d9d9; border-radius: 4px;
4.   cursor: pointer; position: relative; overflow: hidden;
5.   }
6.   .avatar-uploader .el-upload:hover { border-color: #409EFF; }
7.   .avatar-uploader-icon {
8.     font-size: 18px; color: #8c939d; width: 130px;
9.     height: 130px; line-height: 130px; text-align: center;
10.  }
11.  .avatar { width: 130px; height: 130px; }
12. </style>
```

以上 CSS 代码参考了 Element Plus 官网的上传组件文档,显示效果如图 7-8 所示。

图 7-8 文件上传设计效果

2. 前端脚本

在 Vue 组件文件 Dessert. vue 中，加入新增甜点相关的脚本代码，过程如下。

(1) 导入 ElMessage 和 ElMessageBox 组件，以便新增时可使用消息提示和确认弹窗，代码如下：

```
import { ElMessage,ElMessageBox } from 'element-plus';
```

(2) 定义新增功能相关变量，代码如下：

```
1. let titleOp = ref('新增')
2. const visibleDialog = ref(false)
3. const dessert = ref({})
4. const saveForm = ref({})
5. let imageUrl = ref('')
```

对上述代码具体说明如下。

第 1 行，titleOp 用于动态设置 el-dialog 对话框的标题，根据操作类型不同，标题将在“新增”和“编辑”之间切换。

第 2 行，visibleDialog 用于控制对话框 el-dialog 是否显示。

第 3 行，dessert 响应式变量与新增表单输入实现双向数据绑定，可简化新增表单数据的获取过程。

第 4 行，saveForm 变量与 el-form 组件的 ref 属性值同名，以便于在验证表单输入数据时直接引用该表单实例。

第 5 行，imageUrl 为图片 URL。当 imageUrl 有值时，在图片上传组件上直接显示相应图片。

(3) 定义表单验证规则。

当填写内容不符合预设的表单验证规则时，表单提交操作将被阻止，并显示相应的错误消息。具体的表单验证规则，代码如下：

```
1. const saveRules = {
2.   name:[{ required: true, message: '请输入甜点名称', trigger: ['submit'] }],
3.   catId:[{ required: true, message: '请选择分类', trigger: ['submit'] }],
4.   //对 price 变量设置多个校验规则
5.   price:[{ required: true, message: '请输入价格', trigger: ['submit'] } ,
6.        {"pattern": /^[0-9]*$/,"message": "请输入整数", trigger: ['submit']}],
7.   releaseDate:[{ required: true, message: '请选择发布日', trigger: ['submit'] }],
8. }
```

其中代码的第 2～7 行，指定 name、catId、price、releaseDate 为表单的必填字段。

第 5～6 行，对 price 字段设置多重验证规则：第一个规则确保 price 字段必须填写；第二个规则限定 price 字段值必须是正整数。

(4) 定义上传图片相关函数,代码如下:

```
1. const beforeAvatarUpload = (file) =>{
2.   const isLt2M = file.size / 1024 / 1024 < 2
3.   if (!isLt2M) {
4.     ElMessage.error('上传图片大小不能超过 2M!');
5.   }
6.   return isLt2M;
7. }
8. const handleAvatarSuccess = (res, file) =>{
9.   imageUrl.value = baseURL + res
10.  dessert.value.photoUrl = res
11. }
```

代码的第1~7行,beforeAvatarUpload()函数用于在文件上传前做验证处理:检查上传的文件大小是否满足特定条件。此处判断上传文件file的大小,若大于2M,则弹出消息框"上传图片大小不能超过2M",然后返回false,不予上传。

第8~11行,handleAvatarSuccess()函数处理文件上传成功后的逻辑:根据服务器返回的响应数据设置图片URL,以便在应用中正确显示图片。

(5) 编写save()函数。

save()函数旨在处理表单数据的保存逻辑。如果表单验证失败,直接返回错误消息,否则判断甜点ID值,ID值不存在执行新增操作,ID值存在则执行编辑操作,最后根据后端响应结果来处理成功或失败情况,代码如下:

```
1. const save = () =>{
2.   saveForm.value.validate((valid) => {
3.    if(!valid) {
4.      ElMessage.warning('新增数据有问题,请先修正')
5.      return false
6.    }else{
7.       if(dessert.value.id == undefined) {              //新增
8.         DessertService.add(dessert).then(resp =>{
9.            if(resp.data.code == 200){
10.            ElMessage.success('新增甜点,成功!');
11.            dessert.value = {}; imageUrl.value = null; visibleDialog.value = false;
12.           }else{
13.            ElMessage( { message: '新增甜点,失败!', type: 'error', duration:1200});
14.           }
15.        }).catch(error =>{
16.          if(error.response){
17.           ElMessage( { message: '新增甜点,异常!', type: 'error', duration:1200}); }
18.        })
19.      }else{
20.        //编辑逻辑
21.      }
22.     }
23.   })
24. }
```

其中代码的第 2～5 行，根据 saveRules 规则来验证表单上的数据的有效性。若验证失败，则弹出警告消息框提示“新增数据有问题，请先修正”，并终止后续的新增操作。

第 7 行，判断 dessert. value. id 是否有值，无值则执行新增操作（第 8～18 行），否则执行编辑操作（第 19～20 行，代码后续再展开）。

第 8～18 行，为新增操作的逻辑处理：通过调用 DessertService. add(dessert)向后端 API 发送请求，其中 dessert 对象封装了表单提交的数据。若 API 调用成功，将执行 then()方法内定义的回调逻辑；若发生错误，则自动跳转至 catch 块处理异常。

注意：then()回调内的逻辑分为两部分：当操作成功（响应状态码 resp. data. code 为 200），会显示成功消息，并重置响应式变量 dessert 来清空表单数据，并隐藏上传图片对话框使其不可操作；当新增操作失败，则显示失败消息“ 新增甜点，异常！”。

（6）在 API 层增加 add()函数。

在 src/api/Dessert. js 文件中增加 add()函数，并导出以供其他模块使用，代码如下：

```
export function add(dessert) {
  return axios.post("/dessert",dessert.value);
}
```

该 add()函数会通过 Axios 组件发起一个 POST 请求，调用后端 API，完成新增甜点数据的功能。

7.2.3 测试功能

测试新增甜点信息功能，过程如下：

启动后端应用，启动前端应用，在 Chrome 浏览器中单击左侧栏“甜点管理”链接，打开“甜点管理”界面。

单击“新增”按钮后，若在弹出的对话框中不做任何输入就直接单击“确认”按钮，则预设的验证规则会阻止表单提交，触发多个验证错误提示，并在页面顶部显示“新增数据有问题，请先修正”的消息框，如图 7-9 所示。

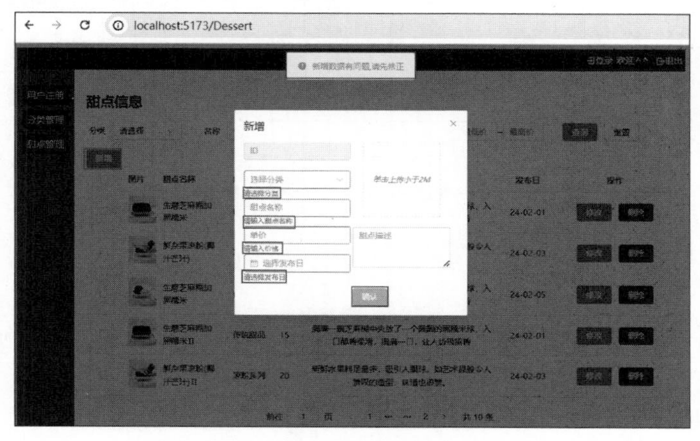

图 7-9　新增操作时验证规则阻止表单提交

遵循验证规则，完成甜点各项数据的正确输入后，单击“确认”按钮，系统将弹出消息框提示“新增甜点，成功！”，如图 7-10 所示。

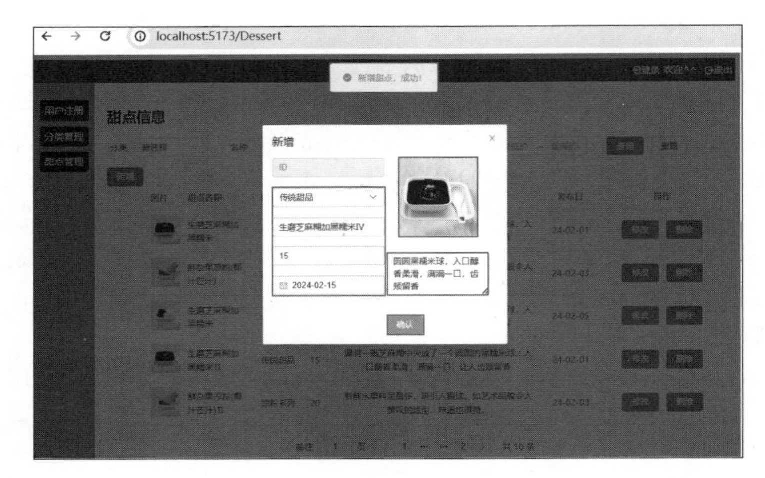

图 7-10 新增甜点成功

返回甜点列表页后，单击尾页页码（此处为第 2 页），可观察到新增甜点数据，如图 7-11 所示。

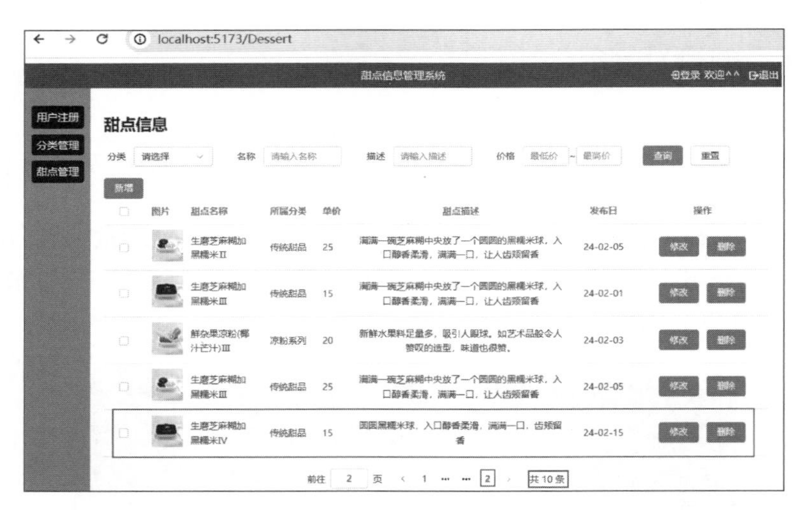

图 7-11 单击尾页链接可发现新增甜点数据

至此，甜点新增功能已全部实现。

视频讲解

7.3 甜点编辑

甜点编辑功能也由 Spring Boot 后端和 Vue 3 前端两部分协同实现。

7.3.1 后端实现

鉴于 Dessert 实体类、DessertDetail 实体类、CategoryController 控制器类及 CategoryMapper 接口已创建，现需补充控制器类、服务类和 Mapper 接口中对应的编辑方法。步骤如下所述。

1. 控制器类中增加编辑方法

在控制器类 DessertController 中，增加编辑方法 edit()，代码如下：

```
...
  @RequestMapping("/dessert")
  public class DessertController extends BaseController {
   ...
  @PutMapping  //url:/dessert
  public AjaxResult edit(@RequestBody Dessert dessert) {
   return toAjax(dessertService.edit(dessert));
  }
}
```

由于 DessertController 类上标注了@RequestMapping("/dessert")注解，当使用 PUT 方式访问"/dessert"路径时，请求将被映射至该类中的 edit(dessert)方法进行处理。

2. 服务类中增加编辑方法

在服务类 DessertService 中用 edit()方法处理新增功能，代码如下：

```
public int edit(Dessert dessert) {
  return dessertMapper.edit(dessert);
}
```

通过调用已装配对象 dessertMapper 的 edit()方法，完成数据的编辑操作，并返回 int 类型的操作结果(受影响的记录数)。

3. 数据访问层接口中增加编辑方法

在 mapper 层接口 DessertMapper 中，增加映射 SQL Delete 语句的删除方法，代码如下：

```
1. @Update("<script>"
2.    + "update dessert "
3.    + "<set>"
4.    +    "<if test='name != null'>name = #{name}, </if>"
5.    +    "<if test='photoUrl != null'>photoUrl = #{photoUrl}, </if>"
6.    +    "<if test='price != null'>price = #{price}, </if>"
7.    +    "<if test='descp != null'>descp = #{descp}, </if>"
8.    +    "<if test='releaseDate != null'>release_date = #{releaseDate}, </if>"
9.    +    "<if test='catId != null'>cat_id = #{catId}, </if>"
10.   + "</set>"
```

```
11.     + "WHERE id = #{id}"
12.     + "</script>")
13. int edit(Dessert dessert);
```

当调用13行edit(dessert)方法时,会触发一个针对Dessert对象的更新操作,该操作通过执行第1～12行的Update语句来实现。在Update语句中,使用了< set >标签来动态构建Update子句的内容:第4行判断name字段不为null时,生成“name = #{name},”部分;第5行判断photoUrl字段不为null时,生成“photoUrl = #{photoUrl},”部分;第6行判断price字段不为null时,生成“price = #{price}, ”部分;第7行判断descp字段不为null时,生成“descp = #{descp},”部分;第8行判断releaseDate字段不为null时,生成“release_date = #{releaseDate},”部分;第9行判断catId字段不为null时,生成“cat_id = #{catId}, ”部分。

注意:MyBatis的< set >标签会自动移除多余的逗号,确保生成的SQL语句语法正确。

7.3.2 前端实现

通过实现编辑对话框代码与新增对话框代码复用,可显著减少界面设计代码,进而提升开发效率与代码维护性。其他需要处理的操作如下所示。

1. 在列表中加“分类ID”列

在el-table组件中添加不可见的“分类ID”列,代码如下:

```
<el-table-column label="分类 ID" align="left" prop="catId" width="80" v-if=
"false" />
```

当单击所在行的“修改”按钮时,编辑对话框中的分类下拉列表将自动更新,以显示该行甜点所对应的分类信息。

2. 操作列中设置图片路径

修改操作列中相应代码如下:

```
1. <el-table-column label="操作" width="200" align="center">
2.   <template #default="scope">
3.    <el-button type="primary"
4.      @click="visibleDialog = true; titleOp = '编辑';
5.      dessert = scope.row;
6.      imageUrl = baseURL + dessert.photoUrl; ">修改</el-button>
7.    <el-button type="danger" @click="handleDelete(scope.row)">删除</el-button>
8.   </template>
9. </el-table-column>
```

第3～6行代码,单击“编辑”按钮后,处理逻辑为:触发对话框的显示逻辑,使其变为可见状态；设置对话框的标题为"编辑"；通过关键代码 dessert = scope.row，将当前行数据赋值给 dessert 变量。dessert 的属性值将自动填充到对话框中的相应表单项上；通过 imageUrl = baseURL + dessert.photoUrl 代码设置甜点图片的回显路径，确保图片在对话框中能够正确显示。"编辑"对话框的显示效果，如图 7-12 所示。

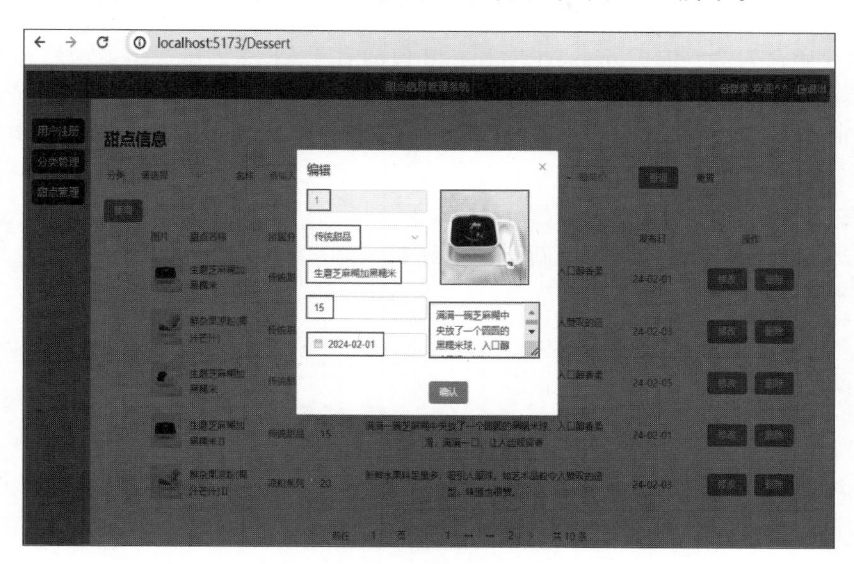

图 7-12　单击"编辑"按钮后"编辑"对话框的显示效果

3. 为 save()函数加上编辑功能

优化原有的 save()函数以区分新增和编辑操作，并据此执行相应的逻辑，代码如下：

```
1. function save(){
2.   saveForm.value.validate((valid) => {
3.     if(!valid) {
4.       ……  //原验证失败时处理代码
5.     }else{
6.      if(dessert.value.id == undefined) { //新增
7.        …… //原新增功能代码
8.      }else{ //编辑
9.        DessertService.edit(dessert).then(resp =>{
10.          if(resp.data.code == 200){
11.           ElMessage.success('编辑甜点,成功!');
12.           dessert.value = {}; imageUrl.value = null; visibleDialog.value = false;
13.          }else{
14.           ElMessage( { message: '编辑甜点,失败!', type: 'error', duration:1200});
15.          }
16.        }).catch(error =>{
17.          if(error.response){
18.            ElMessage( { message: '编辑甜点,异常!', type: 'error', duration:1200});
19.          }
```

```
20.         })
21.       }
22.   }
23.  })
24. }
```

上述代码逻辑为：依据 dessert. value. id 值的有无，来决定执行新增操作还是编辑操作。若 dessert. value. id 值不存在（为 undefined），则执行新增功能的代码；若 dessert. value. id 值存在，则执行第 9～20 行的编辑功能代码，编辑功能逻辑与新增操作类似，此处不再赘述。

4. 在 API 层增加 edit()函数

在 src/api/Dessert. js 文件中新增一个编辑函数 edit()，并将其导出，以供其他模块使用，代码如下：

```
export function edit(dessert) {
  return axios.put("/dessert",dessert.value);
}
```

该 edit()函数会通过 Axios 组件发起一个 PUT 请求，调用后端 API，完成修改甜点数据的功能。

7.3.3 测试功能

测试甜点编辑功能，过程如下：

在 Chrome 浏览器中打开"甜点管理"界面，单击第 1 行数据右侧的"修改"按钮，在弹出的"编辑"对话框中执行如下操作：将分类从"传统甜点"改为"慕斯蛋糕"、现有名称后加个感叹号"!"、价格值从 15 改为 25、发布日从 024-02-01 改为 2024-02-15、图片更换为"卡通蛋糕图"、描述头部加上表情符":)"，完成上述所有编辑后，单击"确认"按钮，界面将反馈"编辑甜点，成功!"消息框，如图 7-13 所示。

图 7-13　编辑甜点内容

返回甜点列表页后，可观察到第1行数据已成功更新，如图7-14所示。

图7-14　编辑甜点内容成功

至此，完成了甜点信息的编辑功能。

7.4　甜点删除

在列表上，单击某行的“删除”按钮，实现对该行甜点数据的删除。当然，可以通过选择列，进行批量删除。

甜点删除功能也分为Spring Boot后端实现和Vue 3前端实现两部分。

7.4.1　后端实现

1. 控制器类中增加删除方法

在控制器类DessertController中，增加删除方法，代码如下：

```
...
@RequestMapping("/dessert")
public class DessertController extends BaseController {
    ...
  @DeleteMapping("/{ids}")
  public AjaxResult remove(@PathVariable Long[] ids) {
          return toAjax(dessertService.delete(ids));
  }
}
```

由于DessertController类上标注了@RequestMapping("/dessert")注解，因此当使

用 DELETE 方式访问“/dessert/{ids}”路径时，请求将被映射至 remove(ids)方法进行处理。

2. 服务类中增加删除方法

在服务类 DessertService 中，增加 delete()方法处理删除功能，代码如下：

```
1. public int delete(Long[] ids) {
2.   return dessertMapper.delete(ids);
3. }
```

通过调用已装配的 dessertMapper 对象的 delete()方法来实现删除操作，并返回删除操作影响的记录数(int 类型结果)。

3. 数据访问层接口中增加删除方法

在 Mapper 层接口 DessertMapper 中增加删除方法，并映射 SQL Delete 语句，代码如下：

```
1. @Delete("<script>delete from dessert where id in "
2.     + "<foreach item='id' collection='array' open='(' close=')' separator=','>"
3.     +     "#{id}"
4.     + "</foreach>"
5.   +"</script>")
6. int delete(Long[] ids);
```

当调用 delete(ids)方法时，会执行第 1～5 行的 Delete 语句。该语句利用<foreach>标签动态拼接 WHERE IN 子句，其中<foreach>会自动移除多余的分隔符(逗号)。

注意：*<foreach>标签的 collection 属性值应为 array(如果传入的是数组)或 list(如果传入的是列表)，而不是方法参数名 ids。*

7.4.2 前端实现

在 Dessert.vue 组件中编写了删除功能的脚本，此处主要利用 Axios 库与后端 API 进行数据交互，具体实现甜点的删除功能，过程如下所示。

1. 编辑删除函数代码

先导入 ElMessage 和 ElMessageBox 组件，以便删除操作时可使用消息提示和确认弹窗，代码如下：

```
import { ElMessage,ElMessageBox } from 'element-plus';
```

接下来，修改操作列中“删除”按钮的 click 事件处理代码，当单击时执行 handleDelete()函数，如下所示：

```
<el-button type="danger" @click="handleDelete(scope.row)">删除</el-button>
```

删除函数 handleDelete()的具体实现,代码如下:

```
1. const handleDelete = (row) =>{
2.   const ids2delete = row.id || ids;
3.   ElMessageBox.confirm('确认删除 ID 为"' + ids2delete + '"的甜点?',
4.   '警告', { confirmButtonText: '删除', cancelButtonText: '取消', type: 'warning'})
5.   .then(() => {
6.    DessertService.del(ids2delete)
7.    .then(() => {
8.      getList();
9.      ElMessage.success("删除成功");
10.    })
11.    .catch(() =>{
12.     ElMessage({ type: 'warning', message: '删除失败!', duration:1200});
13.    })
14.   })
15. }
```

其中代码的第 2 行,在 handleDelete()函数中,ids2delete 变量被设计为存储待删除甜点的 ID 集合,以支持批量删除操作。其赋值逻辑通过 row.id || ids 实现,旨在优先从当前行数据(row)中提取 ID,若当前行值不存在,则通过复选框方式收集 ID 集合值(ids)。

第 3~14 行,当调用 ElMessageBox.confirm()方法弹出确认框后,用户单击“删除”按钮将触发第 6 行的删除操作。

第 6 行,调用了 API 层的删除函数。如果删除成功,则执行第 7~10 行,刷新列表并显示“删除成功”的消息框;若删除过程中出现异常,则执行第 11~13 行,显示“删除失败”的消息框。

2. 批量删除

除了以上单个数据项的删除操作外,还应支持通过勾选多个复选框来实现批量删除的功能。

(1) 视图中添加批量“删除”按钮。

在查询表单下方,添加一个“删除”按钮,并将之与原有的“新增”按钮整合到同一个 el-row 组件内,单击“删除”按钮时触发执行批量删除函数 handleDeleteBatch(),具体实现代码如下:

```
1. <el-row>
2.   <el-button type="danger" @click="handleDeleteBatch">删除</el-button>
3.   <el-button type="primary" @click="visibleDialog = true; titleOp = '新增';">新增
</el-button>
4. </el-row>
```

(2) 编写删除脚本。

捕获复选框中选中的甜点 ID,并实现批量删除功能,代码如下:

```
1. let ids = ref({})                    //多选框选中 ids
2. const handleSelectionChange = (selection) =>{
3.   ids = selection.map(item => item.id)
4. }
5. const handleDeleteBatch = ( ) =>{
6.   handleDelete(ids)
7. }
```

对上述代码具体说明如下。

第 1 行，使用了响应式变量 ids，用于放置复选框选中行的 ID 值。

第 2～4 行，handleSelectionChange()函数被设计为处理 el-table 组件的 selection-change 事件，该事件在复选框的选中状态发生变化时触发。在 handleSelectionChange()函数中利用数组的 map()方法遍历选中项，从每项中提取出 ID 值，并将这些 ID 值组合成数组，随后将此数组赋值给 ids 变量。

第 5～7 行，实际上，批量删除操作也是通过调用 handleDelete(ids)函数来实现的。

3. 在 API 层增加删除函数

在 src/api/Dessert.js 文件中新增一个删除函数 del()，并导出以供其他模块使用，代码如下：

```
1. export function del(ids) {
2.    return axios.delete("/dessert/" + ids);
3. }
```

该删除函数 del()通过 Axios 组件发起一个 DELETE 请求，调用后端 API 接口，以完成删除甜点数据的功能。

7.4.3 测试功能

测试甜点删除功能，过程如下：

在 Chrome 浏览器中打开“甜点管理”界面，可先新增 3 条“测试甜点”数据。

进入列表界面后，单击新增行右侧的“删除”按钮，然后在“警告”对话框中单击“删除”按钮执行操作。单行数据删除如图 7-15 所示。

界面返回甜点列表，可发现相应数据行已被删除，如图 7-16 所示。

接着，测试批量删除功能。

新增 2 行测试甜点数据后，在刷新的甜点列表中选中这 2 行数据，单击左上方批量“删除”按钮，系统将弹出确认对话框，单击“警告”对话框中“删除”按钮，以执行批量删除操作，如图 7-17 所示。

返回甜点列表后，可发现 2 行数据已被成功删除，如图 7-18 所示。

至此，甜点信息的删除功能已成功实现。

图 7-15　单行数据删除

图 7-16　单行数据删除成功

图 7-17　批量删除

图 7-18　批量删除成功

7.5 练习

实现“员工管理系统”项目中的员工管理模块。这一模块的核心功能包括员工数据的查询分页显示、新增、编辑和删除。

(1) 实现员工查询分页显示功能。提示：其前后端代码实现可参考 7.1 节的内容。

(2) 实现员工新增功能。提示：其前后端代码实现可参考 7.2 节的内容。

(3) 实现员工编辑功能。提示：其前后端代码实现可参考 7.3 节的内容。

(4) 实现员工删除功能。提示：其前后端代码实现可参考 7.4 节的内容。

第8章 安全访问功能实现

Token(用户登录成功后作为认证身份的唯一令牌)是前后端分离框架中关键的身份验证技术,本书实践项目将采用 Token 实现项目资源的安全访问。

登录生成 Token,并使用 Token 进行用户身份有效性验证的一般过程如图 8-1 所示。

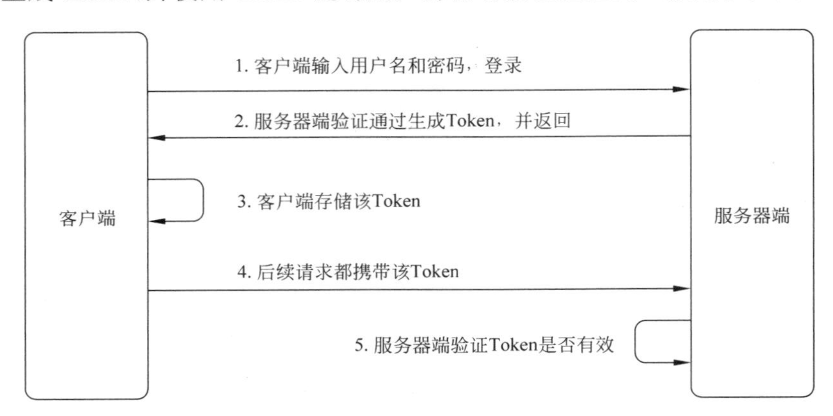

图 8-1 Token 的生成和验证过程

(1) 客户端将用户名和密码提交给服务器。

(2) 服务器验证用户是否存在,如果验证通过,则生成该用户的 Token 并返回给客户端。

(3) 客户端收到并存储该 Token。

(4) 后续发送的所有请求都必须携带该 Token。

(5) 服务器端验证 Token 是否有效,有效则延续过期时间,且允许访问资源。

以下将结合案例项目,详细实施 Token 安全访问功能。

视频讲解

8.1 登录和生成 Token

前端发送用户名和密码,后端用 JWT(JSON Web Token)生成 Token 回发前端。前端在访问后端资源时,携带 Token,后端则验证有效性,有效方可访问资源。

8.1.1 后端实现

1. 创建实体类 User

在登录过程中，会使用到用户名和密码，因此需要创建一个名为 User 的实体类来管理这些信息，代码如下：

```
package com.example.prjbackend.domain.security;
import lombok.Data;
@Data
public class User {
  Long id;
  String username;
  String password;
  Boolean active;
  String token;
}
```

实体类 User 的结构应与数据表 t_user 保持一致，包含 ID、username（用户名）、password（密码）和代表是否激活状态的 active 字段。在用户成功登录后，后端将生成 JWT 字段 Token，Token 作为 User 对象（用户信息）的一部分，一同返回至前端。

2. 创建控制器类 UserController

创建控制器类 UserController 文件，负责处理登录请求"/login"，代码如下：

```
 1. package com.example.prjbackend.controller.security;
 2. import com.example.prjbackend.common.core.domain.AjaxResult;
 3. import com.example.prjbackend.domain.security.User;
 4. import com.example.prjbackend.service.security.UserService;
 5. import com.example.prjbackend.utils.sercurity.JwtUtil;
 6. import org.springframework.beans.factory.annotation.Autowired;
 7. import org.springframework.web.bind.annotation.*;
 8. @CrossOrigin                                    //用@CrossOrigin 实现跨域请求
 9. @RestController
10. public class UserController {
11.   @Autowired
12.   UserService loginService;
13.   @PostMapping("/login")
14.   public AjaxResult login(@RequestBody User userForm){
15.     User user = loginService.getUserByUsername(userForm);
                                                    //通过用户名返回 DB 中 user
16.     if(user == null){
17.       return AjaxResult.error("用户不存在");
18.     }
19.     if(!userForm.getPassword().equals(user.getPassword())){
```

```
20.          return AjaxResult.error("输入密码错误");
21.       }
22.       String token = JwtUtil.createToken(user);         // 生成 Token 值
23.       user.setToken(token);
24.       AjaxResult ajax  =  AjaxResult.success(user);
25.       return ajax;
26.    }
27. }
```

其中代码的第13～14行，通过@PostMapping注解，将Post请求“/login”映射到login()方法进行处理。

第15行，用service层loginService.getUserByUsername(userForm)方法处理登录，返回user对象。若返回的user对象为空，则向前端返回“用户不存在”错误提示(第16～18行)；若返回user的密码与表单输入密码不同，则向前端返回“输入密码错误”错误提示(第19～21行)。

第22行，通过JwtUtil工具类的静态方法createToken(user)生成Token值。

第23～25行，将生成Token值放入user对象，然后用AjaxResult的success()方法将包含Token的user对象一起返回给前端。

3. 创建服务类UserService

创建服务类UserService，通过用户名获得用户对象功能，代码如下：

```
1. package com.example.prjbackend.service.security;
2. import com.example.prjbackend.domain.security.User;
3. import com.example.prjbackend.mapper.security.UserMapper;
4. import org.springframework.beans.factory.annotation.Autowired;
5. import org.springframework.stereotype.Service;
6. @Service
7. public class UserService {
8.    @Autowired
9.    private UserMapper userMapper;
10.   public User getUserByUsername(User userForm) {
11.      return userMapper.selectUserByUserName(userForm.getUsername());
12.   }
13. }
```

第11行代码，通过userMapper的selectUserByUserName(username)方法，从数据库中获取用户对象。

4. 创建Mapper接口UserMapper

创建Mapper接口文件UserMapper，基于用户名，从数据库中获取用户对象，代码如下：

```
1. package com.example.prjbackend.mapper.security;
2. import com.example.prjbackend.domain.security.User;
3. import org.apache.ibatis.annotations.Mapper;
4. import org.apache.ibatis.annotations.Select;
5. @Mapper
6. public interface UserMapper {
7.    @Select(
8.    "select id, username, password, active from t_user where active = 1 and username = #
{username} ")
9.    public User selectUserByUserName(String username);
10. }
```

第7～9行代码，selectUserByUserName(username)方法被映射为执行一个针对t_user表的SQL查询语句。基于提供的username参数值，通过执行查询操作，从t_user表中检索出对应的行数据，并将行数据转为一个User对象返回。

5. 创建生成Token的工具类JwtUtil

(1) 引入JWT相关依赖。

因为生成Token需要JWT相关依赖，为此需要在pom.xml文件中引入，代码如下：

```
<dependency>
  <groupId>io.jsonwebtoken</groupId>
  <artifactId>jjwt</artifactId>
  <version>0.9.1</version>
</dependency>
<dependency>
  <groupId>javax.xml.bind</groupId>
  <artifactId>jaxb-api</artifactId>
  <version>2.3.0</version>
</dependency>
```

其中，第2个依赖jaxb-api，用于Java对象与XML数据之间进行相互转换。

(2) 创建工具类JwtUtil。

创建工具类JwtUtil文件，用于生成Token，代码如下：

```
1. package com.example.prjbackend.utils.sercurity;
2. import com.example.prjbackend.domain.security.User;
3. import io.jsonwebtoken.JwtBuilder;
4. import io.jsonwebtoken.Jwts;
5. import io.jsonwebtoken.SignatureAlgorithm;
6. import java.util.Date;
7. import java.util.UUID;
8. public class JwtUtil {
9.    static long expireMs = 1000 * 60 * 60  * 24;          // 1 天后过期
10.   static String secretSignature = "example.com";
```

```
11.    public static String createToken(User user){
12.      JwtBuilder jwtBuilder = Jwts.builder();
13.      return jwtBuilder.setHeaderParam("typ","JWT")
14.          .setHeaderParam("alg","HS256")
15.          .claim("username",user.getUsername())
16.          .setSubject("dessert - app")
17.          .setExpiration(new Date(System.currentTimeMillis() + expireMs))
18.          .setId(UUID.randomUUID().toString())
19.          .signWith(SignatureAlgorithm.HS256,secretSignature)
20.          .compact();
21.    }
22. }
```

对上述代码的核心代码说明如下。

第 9 行，定义了 Token 过期时间，单位为毫秒。实际项目中可将该参数写入项目主配置文件 application.properties 中，如：jwt.expire=1000 * 60 * 60 * 24。

第 10 行，定义了生成 Token 所需的密钥。同样，可将该参数写入项目主配置文件 application.properties 中，如：jwt.secret=example.com。

第 11～21 行，通过 Jwts.builder()方法创建的 JwtBuilder 实例来生成 Token。

第 13～14 行，用 setHeaderParam()方法设置了 Token 的 2 个标头参数：类型和算法。

第 15 行，用 claim()方法声明 username 为 Token 主体(Payload)。

注意：随着项目需求的增长和复杂性的提高，可以进一步在 Token 主体中补充 roles 等其他信息。

第 17 行，用 setExpiration()方法设置 Token 的过期时间。这里以当前时间(以毫秒为单位)加上一个额外的毫秒数(由 expireMs 变量提供)，然后将结果转换为一个 Date 对象来表示 Token 的过期时间点。

第 18 行，调用 setId()方法以赋予 Token 一个唯一的 ID 值。此 ID 值需确保全局唯一性，其设计目是通过生成不可重复的 ID 值来有效防范重放攻击，即避免攻击者截获客户端发送给服务器端的请求包后，进行恶意重复发送。

第 19 行，用 signWith()方法指定生成 Token 的具体算法和密钥。

第 20 行，用 compact()方法将 Token 的各个组成部分进行压缩，并组合成最终的字符串形式。

8.1.2 前端实现

前端开发专注于构建用户登录界面并设计其交互逻辑。在登录流程中，利用 Axios 库将用户输入的用户名和密码作为请求参数发送到"/login"接口，以完成用户的登录认证。一旦登录成功，服务器将返回一个包含 Token 的 User 对象，该对象将被前端接收并用于后续的用户认证。具体实现步骤如下所示。

1. 界面设计

打开 VSCode 开发工具，在前端项目 prj_frontend 的 src/views/security 目录中创建 Vue 组件文件 Login. vue，进行登录界面的设计，代码如下：

```
1. <template>
2.   <el-form :rules="loginRules" ref="loginForm" :model="user"
3.     label-width="120px" style="width:400px;margin: 100px auto;">
4.     <el-form-item label="用户" prop="username">
5.      <el-input v-model="user.username" autocomplete="off"></el-input>
6.     </el-form-item>
7.     <el-form-item label="密码" prop="password">
8.      <el-input type="password" v-model="user.password" autocomplete="off"></el-
input>
9.     </el-form-item>
10.    <el-form-item>
11.     <el-button type="primary" @click="login">登录</el-button>
12.    </el-form-item>
13.  </el-form>
14. </template>
```

其中代码的第 2 行，用“:rules="loginRules"”属性指定了本表单的输入验证规则，这些规则定义在 loginRules 变量中；“:ref="loginForm"”属性指示允许通过 loginForm 变量引用本表单实例；使用“:model="user"”属性将表单元素与响应式数据 user 绑定，为此可方便地通过 user 获取表单中输入的字段值。

第 4～6 行，在 el-form-item 中定义了 username(用户名)表单项。v-model="user.username"指示表单项输入值与响应式数据 user. value. username 值双向绑定。

第 7～9 行，在 el-form-item 中定义了 password(密码)表单项。v-model="user.password"指示表单项输入值与响应式数据 user. value. password 值双向绑定。

第 10～13 行，定义了一个操作项，其中包含一个“登录”按钮。当用户单击该“登录”按钮时，将触发并执行 login()函数，从而实现用户登录的功能。

2. 前端脚本

在 Vue 组件文件 Login. vue 中，还需加上登录相关的脚本代码，代码如下：

```
1. <script setup>
2. import * as UserService from "../../api/User";
3. import { ElMessage  } from 'element-plus';
4. import {  ref } from "vue";
5.
6. const user = ref({})            //与 el-form 中:model 值同名,user.username、user.password
7. let loginForm = ref({})         //与 el-form 中 ref 值同名
8.
9. const loginRules = {
```

```
10.  username:[{ required: true, message: '请输入用户名', trigger: ['submit'] }],  //prop = "username"
11.  password:[{ required: true, message: '请输入密码', trigger: ['submit'] }],
                                                                       //prop = "password"
12. }
13.
14. function login(){
15.   loginForm.value.validate((valid) => {
16.     if(!valid) {
17.       ElMessage.warning('登录数据有问题,请先修正')
18.       return false
19.     }else{                                  //登录
20.       UserService.login(user).then(resp =>{
21.         console.log(resp)                   //在控制台观察响应数据 resp 中 Token 值
22.         if(resp.data.code == 200){
23.           ElMessage.success("登录成功!") //可转其他组件,如/Welcome
24.         }else{
25.           ElMessage( { message: '登录,失败!', type: 'error', duration:12000});
26.         }
27.       }).catch(error =>{
28.         if(error.response){
29.           ElMessage( { message: '登录,异常!', type: 'error', duration:12000});
30.         }
31.       })
32.     }                                       //else
33.   })
34. }
35. </script>
```

其中代码的第 2～4 行,做相关依赖的导入。UserService 包含了与用户登录相关的 API 请求；ElMessage 用于显示消息提示；ref()函数来创建响应式引用。

第 6～7 行,定义响应式变量。其中,user 变量与表单控件绑定(:model="user"),实现了 user 属性值与表单元素输入值的同步；loginForm 变量与表单的 ref 属性绑定(ref="loginForm"),用于表单验证。

第 9～12 行,定义了在表单提交时触发的验证规则：用户名必填、密码必填。

第 14～34 行,定义了一个名为 login 的函数,该函数在单击“登录”按钮时被触发。Login() 函数执行流程如下：

首先,利用 loginForm.value.validate()方法对登录表单进行验证。若验证未能通过,即返回错误结果时,则向用户显示一个警示性消息。反之,若验证成功,则调用 UserService.login()方法发送登录请求至服务器。接收到响应后,依据响应体中的 code 字段值评估登录操作是否成功,并据此向用户显示成功或失败的反馈消息。若登录请求未能成功发送、未获得有效响应或过程中发生异常,则将显示错误消息。

3. 创建 API 类 User.js

在 API 目录中创建 User.js 文件，代码如下：

```
1. import axios from '../utils/request'
2. // 登录
3. export function login(user) {
4.   return axios.post("/login",user.value);
5. }
```

使用 Axios 组件发送 POST 方式请求"/login"，以实现登录功能。

注意：此处 user 参数的值来源于 Login.vue 组件中的表单数据。

4. 添加登录路由

在路由管理文件 router/index.js 中添加一条登录路由，代码如下：

```
{ path: '/Login', name:'Login', component: () => import('../views/security/Login.vue') },
```

如上配置可确保当访问路径"/Login"时，能够加载并显示"/views/security"目录下的 Login.vue 组件界面。

8.1.3 测试功能

测试登录和生成 Token，过程如下。

使用 Chrome 浏览器访问"/Login"请求，将呈现 Login.vue 组件的登录界面。在用户名或密码输入框中留空并提交登录请求时，验证规则生效，系统将显示相应的错误提示信息，如图 8-2 所示。

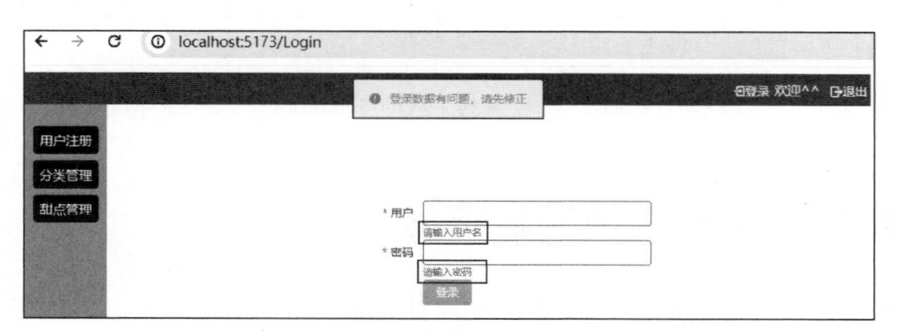

图 8-2　输入为空时显示错误提示

当输入的用户名或密码有误时，提交登录请求将触发系统显示相应的错误提示信息"登录，失败！用户不存在"，如图 8-3 所示。

输入正确的用户名和密码（如 admin 和 12345），提交登录后，系统将显示"登录，成功！"提示信息，如图 8-4 所示。

在浏览器环境中，打开开发者工具界面，利用其中的网络（Network）监测功能审视网络请求的响应数据，可确认 Token 已成功生成，如图 8-5 所示。

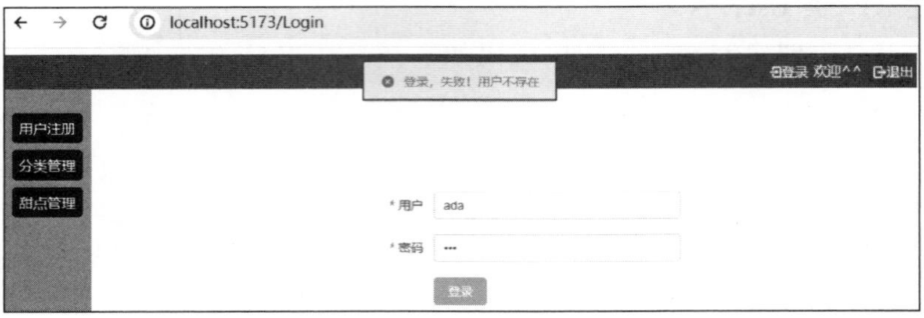

图 8-3　输入有误时显示错误提示

图 8-4　输入正确用户名和密码时显示成功消息

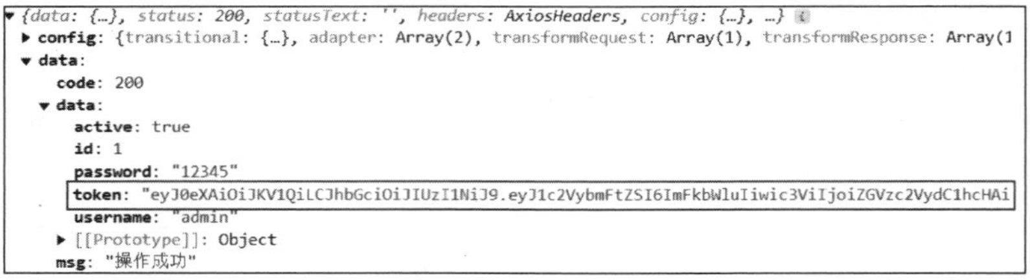

```
▼ {data: {…}, status: 200, statusText: '', headers: AxiosHeaders, config: {…}, …}
  ▶ config: {transitional: {…}, adapter: Array(2), transformRequest: Array(1), transformResponse: Array(1
  ▼ data:
      code: 200
    ▼ data:
        active: true
        id: 1
        password: "12345"
        token: "eyJ0eXAiOiJKV1QiLCJhbGciOiJIUzI1NiJ9.eyJ1c2VybmFtZSI6ImFkbWluIiwic3ViIjoiZGVzc2VydC1hcHAi
        username: "admin"
      ▶ [[Prototype]]: Object
      msg: "操作成功"
```


图 8-5　监测到生成的 Token 值

8.2　使用 Token 实施安全访问

在前后端分离的应用架构中，Token 的验证通常涵盖以下 3 个核心实施环节。

（1）Token 在生成后，应当被妥善地保存在浏览器的安全存储区域（如 localStorage）中，以便后续进行身份验证和授权操作。

（2）在前端层面，通过设置路由导航守卫来实施权限控制。当检测到用户请求未携带 Token 时，将自动重定向至登录界面（即"/Login"路由）。

（3）在后端层面，对于非登录相关的 API 请求，后端在接收到请求后，应首先验证请求头中携带的 Token 的有效性，确保仅当 Token 有效时，用户才能访问后端相应的 API。

8.2.1　后端实现

1. 控制器类判断 Token 有效性

在控制器类 UserController 中添加判断 Token 有效性的方法 isValid(token)，代码如下：

```
1. @GetMapping("/token/isValid")
2. public boolean isValid(String token){
3.     return JwtUtil.isValidToken(token);
4. }
```

其中第 3 行代码，实际 Token 的有效性交由 JwtUtil 工具类的 isValidToken(token)方法进行处理。

2. 工具类判断 Token 有效性

在 JwtUtil 工具类中添加 isValidToken(token)方法，用于判断 Token 有效性，代码如下：

```
1. public static boolean isValidToken(String token) {
2.     try{
3.         Jws<Claims> claimsJws
4.             = Jwts.parser().setSigningKey(secretSignature).parseClaimsJws(token);
5.         System.out.println(claimsJws.getBody().get("username"));
6.     }catch (Exception e){
7.         return false;
8.     }
9.     return true;
10. }
```

其中第 2～8 行代码，在 try 语句块中尝试解析 Token 值。如果解析过程中抛出异常，这通常意味着 Token 不存在，或已被篡改或已过期，此时直接返回 false 表示验证失败。如果解析过程未发生异常，则说明 Token 有效存在，因此在第 9 行，应返回 true 表示验证成功。

8.2.2　前端实现

1. 登录成功后保存 Token 及转向

修改登录组件文件 Login.vue，实现登录后保存 Token 及转向，过程如下：

(1) 引入设置的路由，代码如下：

```
import router from '../../router'
```

(2) 登录后，保存 Token 及转向。

在登录成功代码 if(resp.data.code==200) 后，添加如下代码：

```
localStorage.setItem('user',JSON.stringify(resp.data.data))
router.push('/')
```

将生成的 Token 保存至浏览器的 LocalStorage 中，随后将重定向至根路径('/')对应的路由，显示 Home.vue 组件界面。

2. 设置路由导航守卫

在 router/index.js 路由文件中，设置路由导航守卫以实施访问权限控制。当未携带 Token 时，将其重定向至登录路由"/login"。对于除了登录路由外的其他路由，在访问前必须先发送 Token，且该 Token 需经后端验证有效后方可继续访问。在导出默认路由对象 router 之前，添加如下代码以实现上述功能：

```
1. import * as userService from '../api/User.js'
2. import { ElMessage } from 'element-plus'
3. router.beforeEach((to,from,next) =>{  //to 目标路由、from 来源路由、next 控制路由跳转
4.   if("/" == to.path){                     //访问项目根路径,无须提示登录
5.     next()
6.   }else if(to.path.indexOf("/Login")>= 0){  //去登录路径,则去除本地保存 user 转登录
7.     localStorage.removeItem("user")
8.     next()
9.   }else{                                  //去访问其他 API 资源
10.    let user = JSON.parse(localStorage.getItem('user'))
11.    console.log("JSON.parse(localStorage.getItem('user'))",user);
12.    if(!user){                            //user 不存在,转登录
13.      ElMessage.warning("请先登录")
14.      next({path:'/Login'})
15.    }else{                    //user 存在,访问其他 API 前, 需事先验证 Token 合法性
16.      userService.isValidToken(user.token).then(
17.        (resp) =>{
18.          if(!resp.data){                 //Token 验证不通过,重定向至登录
19.            next({path:'/Login'})
20.          }else{                          //Token 验证通过,则继续访问 API
21.            next()
22.          }
23.        }
24.      )
25.    }
26.  }
27. })
```

代码的第 1～2 行，导入相应依赖。如第 1 行，导入 userService 模块，可做 Token 的有效性验证；第 2 行，导入 ElMessage 组件，用于显示消息提示。

第 3～27 行，使用 router.beforeEach 实施全局前置守卫，该守卫在每次路由跳转前执行。具体逻辑如下：

如果访问的路由是项目的根路径("/")，则直接调用 next()函数放行(第 4～5 行)；

如果访问的是登录路由"/Login"，则清除 localStorage 中的 user 值，然后调用 next()函数放行以允许路由继续跳转至登录页面(第 6～8 行)；

如果访问的是其他路由，首先尝试从 localStorage 中获取 user 信息，如果 user 不存在(未登录或状态已过期)，则显示警告消息"请先登录"，并重定向到登录页面；如果 user 存在，则调用 userService. isValidToken()方法验证 Token 的有效性，如果 Token 验证失败，则重定向到登录页面，如果 Token 验证成功，则继续执行路由跳转显示相应组件界面(第 10～25 行)。

3. API 层加验证 Token 代码

在 api/User. js 文件中，新增验证 Token 有效性函数 isValidToken(token)，代码如下：

```
1. export function isValidToken(token) {
2.   return axios.get("/token/isValid",{params: {token:token}});
3. }
```

第 2 行，通过 Axios 组件发送 GET 方式请求"/token/isValid"，以获取来自后端的 Token 有效性验证结果。

8.2.3 测试功能

使用 Chrome 浏览器访问项目根路径("/")时，根据路由导航守卫的设置，用户无须进行登录验证即可直接访问，系统将显示 Home. vue 组件的界面，如图 8-6 所示。

图 8-6　访问项目根路径无须登录

单击“分类管理”或“甜点管理”按钮，因为此时没有登录过，所以相应的 Token 没有生成，根据导航守卫设置，会显示“请先登录！”的提示，并自动重定向至登录页面，即路径"/Login"对应的 Login. vue 组件，如图 8-7 所示。

图 8-7　访问其他功能路径被切换至登录组件界面

继续测试，输入正确的用户名和密码（如 admin 和 12345）。提交登录请求，系统将显示一个消息框提示“登录，成功！”，并自动将页面导航至根路径（"/"），显示对应的 Home. vue 组件界面，如图 8-8 所示。

图 8-8　登录成功后切换至 Home. vue 组件界面

在浏览器环境中，打开开发者工具界面，利用其中的网络（Network）监测功能审视网络请求的响应数据，可观察到已生成了 Token，如图 8-9 所示。

在成功登录并生成 Token 之后，再次单击访问“分类管理”时，由于 Token 已存在，系统将根据导航守卫的设置自动调用 next() 函数，允许用户访问相应的组件，即显示甜点分类信息，如图 8-10 所示。

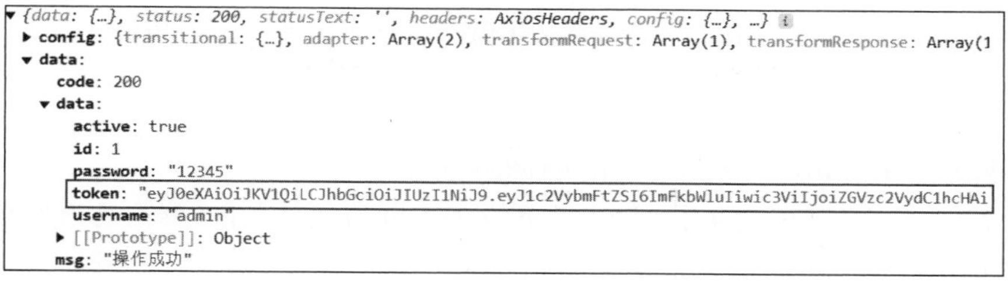

```
▼{data: {…}, status: 200, statusText: '', headers: AxiosHeaders, config: {…}, …}
 ▶ config: {transitional: {…}, adapter: Array(2), transformRequest: Array(1), transformResponse: Array(1
 ▼ data:
    code: 200
  ▼ data:
      active: true
      id: 1
      password: "12345"
      token: "eyJ0eXAiOiJKV1QiLCJhbGciOiJIUzI1NiJ9.eyJ1c2VybmFtZSI6ImFkbWluIiwic3ViIjoiZGVzc2VydC1hcHAi
      username: "admin"
    ▶ [[Prototype]]: Object
    msg: "操作成功"
```

图 8-9　生成 Token 值

图 8-10　登录生成 Token 后可访问其他功能路径组件

为了验证 Token 的过期时间设置，执行以下步骤。

在后端项目文件 JwtUtil.java 中，修改 Token 的过期时间，将其设置为 30 秒，具体代码调整如下：

```
//static long expireMs = 1000 * 60 * 60  * 24;
static long expireMs = 1000 * 30;
```

随后进行登录操作，在登录成功进入相应"分类管理"组件界面后，等待 30 秒以上；再尝试刷新"分类管理"组件界面，发现会被切换至"/Login"路径并显示用户登录界面。通过以上操作，可确认 Token 的过期时间设置是有效的。

8.3　完善登录框架

视频讲解

在完成安全访问的主体功能后，为确保用户体验和系统安全性的全面提升，可进一步完善登录、欢迎信息显示以及退出功能。同时，对于 Token 的延续过期时间处理机制也需给予考虑，确保其在保持系统安全性的同时，能够合理满足用户的持续访问需求。

8.3.1 后端实现

1. 修改 UserController 类中 isValid(token)方法

将 isValid(token)方法的返回值从简单的 Token 有效性判断，修改为返回结构更为丰富的 AjaxResult 类型。修改后的代码如下：

```
1. @GetMapping("/token/isValid")
2. public AjaxResult isValid(String token){
3.     String tokenRtn = JwtUtil.verifyToken(token);
4.     String msg;
5.     if(tokenRtn == null){
6.       msg = "token 无效";
7.     }else if(token.equals(tokenRtn)){
8.       msg = "token 有效,没有延续过期时间";
9.     }else{
10.      msg = "token 有效,且延续了过期时间";
11.    }
12.    return AjaxResult.success(msg,tokenRtn);
13. }
```

其中代码的第 3 行，通过 JwtUtil 工具类中 ValidToken(token)方法，判断 Token 的有效性，该方法返回的是一个字符串类型的值 。

第 5～11 行，当 Token 值返回为 null 时，表明该 Token 无效。若返回的 Token 值与原始 Token 值相匹配，则确认 Token 有效，并且无须进行过期时间的更新操作。若返回的 Token 值与原始 Token 值不一致，则表明返回的是新的 Token，并且该 Token 的内部过期时间已被自动延长。

2. 修改 JwtUtil 工具类 verifyToken(token)方法

修改 JwtUtil 工具类中 ValidToken(token)方法，从简单判断 Token 有效性，修改为返回新 Token 结果，代码如下：

```
1. public static String verifyToken(String token) {
2.     try{
3.       Jws<Claims> claimsJws = Jwts.parser()
4.           .setSigningKey(secretSignature)
5.           .parseClaimsJws(token);
6.       Claims claims = claimsJws.getBody();
7.       Date expiration = claims.getExpiration();
8.       long gap = expiration.getTime() - System.currentTimeMillis();
9.       if(gap < 0){     //过期了,实际上解析时会产生 ExpiredJwtException 异常
10.        return null;
```

```
11.         }else if(gap <= expireMs * 0.1){      //当快过期时,返回更新过期时间的 Token
12.           JwtBuilder builder = Jwts.builder();
13.           return builder.setHeaderParam("typ","JWT")               //返回重建 Token
14.               .setHeaderParam("alg","HS256")
15.               .setClaims(claims)
16.               .setSubject("dessert-app")
17.               .setExpiration(new Date(System.currentTimeMillis() + expireMs))
18.               .setId(UUID.randomUUID().toString())
19.               .signWith(SignatureAlgorithm.HS256, secretSignature)
20.               .compact();
21.         }else if(gap <= expireMs){            //离 Token 过期还有时间,返回 Token 原值
22.           return token;
23.         }
24.     }catch(Exception e){                      //通常发生 ExpiredJwtException 过期异常
25.       return null;
26.     }
27.   }
```

其中代码的第 11 行,判断 Token 是否即将过期,若 Token 的剩余过期时间不足总有效期的 1/10,则执行第 12～20 行代码,重新生成一个新的 Token。在此过程中,特别注意第 17 行代码,该行代码通过重新设置新 Token 的过期时间,实际起到了延续作用。

第 21 行,判断当前时间,如果与 Token 过期时间之间仍有充足的剩余时间,则直接返回 Token 的原始值。

此外,当 Token 过期时,系统在解析过程中会触发 ExpiredJwtException 异常,因此,在第 25 行返回 null 值来表示 Token 已失效。

综上所述,修改后的 ValidToken(token)方法的主要功能为:当 Token 无效时,返回 null;若 Token 即将过期,将重置过期时间后返回新的 Token;若 Token 的剩余过期时间充足,则直接返回原 Token。

8.3.2 前端实现

1. 完善登录成功后的代码

修改组件文件 Login.vue,在其 if(resp.data.code == 200) { ... }条件代码块内,添加如下逻辑代码:

```
if(resp.data.code == 200){
  ElMessage.success("登录成功!")
  localStorage.setItem('user',JSON.stringify(resp.data.data))
  location.href = "/"
}
```

当登录成功时,将后端返回 user 对象加入本地 localStorage 保存,然后转向根路径("/")刷新 App.vue 根组件。

2. 修改路由导航守卫代码

修改路由配置文件 router/index.js，代码如下：

```
1. userService.isValidToken(user.token).then(
2.   (resp) =>{
3.    let tokenRtn = resp.data.data
4.    console.log('tokenRtn: ' + tokenRtn + '\n' + 'user.token: ' + user.token);
5.    if(tokenRtn == null){              //Token 无效
6.      localStorage.removeItem("user")
7.      ElMessage( { message: '请先登录', type: 'warning', duration:1200});
8.      location.href = '/Login'
9.     }else{ //Token 有效，继续访问 API
10.     if(user.token!= tokenRtn){
                              //延续生存期，包含 Token 值的 user 重写到本地 localStorage 中
11.       user.token = tokenRtn
12.       localStorage.setItem('user',JSON.stringify(user))
13.     }
14.     next()                           //Token 验证通过，则继续访问 API
15.   }
16.  }
17. )
```

其中代码的第 1 行，向后端服务发起验证 Token 有效性请求，其中参数 user.token 是从 localStorage 中提取的 user 对象中的 token 属性值。

第 3 行，将后端验证后的有效 Token 值，放入 tokenRtn 变量中。

第 5～9 行，当 tokenRtn 的值为空时，表示 Token 无效。此时，应当清除 localStorage 中存储的 user 信息，并将页面重定向至"/Login"路径，由登录组件 Login.vue 进行后续处理。

第 10～13 行，当返回的 tokenRtn 值与原始存储的 Token 值不相同时，这表明 Token 已被重新生成，返回的是重新设置了过期时间的新 Token。此时，应将这个新的 Token 值更新至 user 对象的 token 属性中，并将更新后的 user 对象重新存储到 localStorage 中。

第 14 行，Token 验证有效情况下，调用 next()函数，继续后端 API 资源的访问。

3. 完善 App.vue 组件设计

(1) 界面设计切换登录和退出按钮。

通过验证 user 值的存在性，在 App.vue 文件中动态调整“登录”和“退出”按钮的可见性。对原有的<div id="loginOut">代码块进行如下修改：

```
1. <div id = "loginOut">
2.   <template v-if = "user == null">
3.     <el-button type = "primary" style = "background-color: slateblue;"
4.        @click = "handleLogin"><img src = "../public/img/login.png">登录</el-button>
```

```
5.    </template>
6.    <template v-else>
7.      <span style="padding-right: 30px;">欢迎{{user.username}}</span>
8.      <el-button type="primary" style="background-color: slateblue;"
9.          @click="handleLogout"><img src="../public/img/logout.png">退出</el-
button>
10.   </template>
11. </div>
```

第 2 行和第 6 行代码，使用 v-if 和 v-else 指令来判断 user 值是否为 null。当 user 值为 null 时，显示“登录”按钮；否则，显示“退出”按钮和欢迎信息。

第 4 行，当单击“登录”按钮时，触发并执行 handleLogin()函数；第 9 行，当单击“退出”按钮时，触发并执行 handleLogout()函数。

(2) 脚本设计。

设计脚本处理用户登录和退出的逻辑：当执行登录函数 handleLogin()或退出函数 handleLogout()时，user 数据会从 localStorage 中移除，user 的响应式引用会被清空，并且页面会被导航到登录页面。

在 App.vue 文件的脚本中，设计如下代码：

```
1. import router from './router'
2. import {ref} from 'vue'
3. document.title = "甜点信息管理系统";
4. let user = ref(JSON.parse(localStorage.getItem('user')))
5. const handleLogin = () =>{
6.   localStorage.removeItem('user')
7.   user.value = null
8.   router.push('/Login')
9. }
10. const handleLogout = () =>{
11.   localStorage.removeItem('user')
12.   user.value = null
13.   router.push('/Login')
14. }
```

对上述代码具体说明如下。

第 1、2 行，导入相应依赖。Router 是用于页面导航的路由管理器，而 ref()函数用于创建响应式变量。

第 3 行，通过 document.title 变量设置网页的标题。

第 4 行，从浏览器的 localStorage 中获取 user 项数据，并将之解析，最后封装为响应式对象 user。

第 5～9 行，定义了单击“登录”按钮时执行的函数 handleLogin()，其作用为：清除 localStorage 中 user 项数据；设置响应式对象 user 的值为 null；最后将路由导航到登录组件。

第 10～14 行，定义了 handleLogout()函数，该函数在单击“退出”按钮时被触发执行，其功能与单击“登录”按钮时执行的 handleLogin()函数类似，但在实际项目应用中，其具体作用可有所不同。

8.3.3 测试功能

打开 Chrome 浏览器，访问项目根路径("/")，因为没有登录，未形成本地 Token，所以右上角将显示“登录”按钮，如图 8-11 所示。

图 8-11 未登录右上角显示“登录”按钮

单击“登录”按钮，进入登录组件界面，如图 8-12 所示。

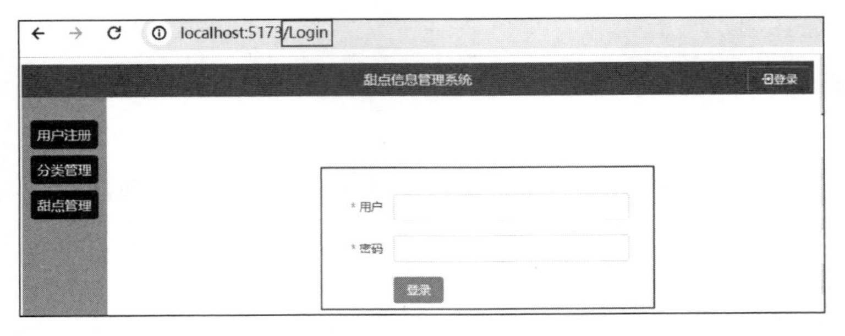

图 8-12 进入登录组件界面

输入有效用户名和密码(如 admin 和 12345)，单击“登录”按钮后，系统将显示“登录成功!”消息，如图 8-13 所示。随后，页面将自动导航至根组件，此时右上角将显示欢迎信息和“退出”按钮，如图 8-14 所示。

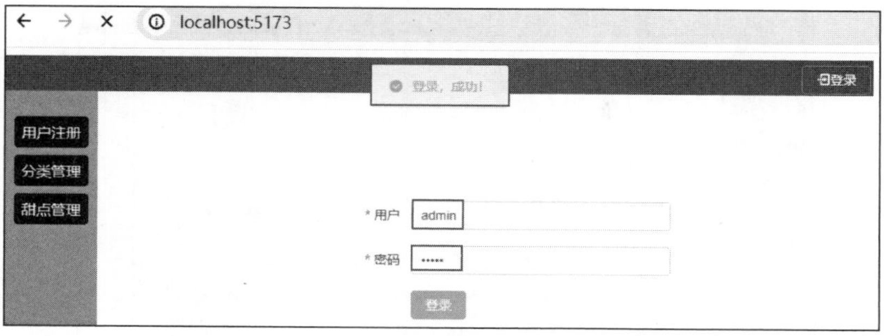

图 8-13　登录成功

图 8-14　切换至根组件显示欢迎信息和“退出”按钮

单击左侧“分类管理”链接，将显示分类组件界面，如图 8-15 所示。此时观察控制台中日志信息，发现返回 Token 和原 Token 一致，说明 Token 有效，且没有重置过期时间，如图 8-16 所示。

当 Token 即将过期时，单击左侧“甜点管理”链接，系统将导航至甜点列表界面，此时观察控制台中的日志信息，可以发现返回的 Token 与原 Token 不一致，这表明返回 Token 进行了过期时间的重置，如图 8-17 所示。

经过显著的时间间隔后，重新单击左侧“分类管理”链接，观察控制台中的日志信息，发现返回的 Token 值为 null，如图 8-18 所示。此时，系统将自动定向至登录组件，如图 8-19 所示。

至此，在案例项目上成功实现了基于 Token 的安全访问功能。

图 8-15　显示分类组件界面

```
tokenRtn:                                        index.js:63
eyJ0eXAiOiJKV1QiLCJhbGciOiJIUzI1NiJ9.eyJ1c2Vy
bmFtZSI6ImFkbWluIiwic3ViIjoiZGVzc2VydC1hcHAiL
CJleHAiOjE3MDgyNjkyNDcsImp0aSI6Ijg2MGE5ODY1LT
VlYzEtNGM1OC1iNGI4LTk4Y2Q3YjZhZWY0NCJ9.MyUpDj
WKH5kFFbz9e40QeO3U45-Wr_6uSk9Nzt63Mms
user.token:
eyJ0eXAiOiJKV1QiLCJhbGciOiJIUzI1NiJ9.eyJ1c2Vy
bmFtZSI6ImFkbWluIiwic3ViIjoiZGVzc2VydC1hcHAiL
CJleHAiOjE3MDgyNjkyNDcsImp0aSI6Ijg2MGE5ODY1LT
VlYzEtNGM1OC1iNGI4LTk4Y2Q3YjZhZWY0NCJ9.MyUpDj
WKH5kFFbz9e40QeO3U45-Wr_6uSk9Nzt63Mms
```

图 8-16　返回 Token 值和原 Token 值一致

```
tokenRtn:                                        index.js:63
eyJ0eXAiOiJKV1QiLCJhbGciOiJIUzI1NiJ9.eyJ1c2Vy
bmFtZSI6ImFkbWluIiwic3ViIjoiZGVzc2VydC1hcHAiL
CJleHAiOjE3MDgyNjkzOTIsImp0aSI6Ijg4MGYwOWIzLT
JiNmEtNDYwNy1iNmEzLTU3ZWI4MzQ2NmUwNCJ9.Gmg9x0
Oy_XEvbkoNyAzMBie8cNkc9R_JpibjdACCS94
user.token:
eyJ0eXAiOiJKV1QiLCJhbGciOiJIUzI1NiJ9.eyJ1c2Vy
bmFtZSI6ImFkbWluIiwic3ViIjoiZGVzc2VydC1hcHAiL
CJleHAiOjE3MDgyNjkyNDcsImp0aSI6Ijg2MGE5ODY1LT
VlYzEtNGM1OC1iNGI4LTk4Y2Q3YjZhZWY0NCJ9.MyUpDj
WKH5kFFbz9e40QeO3U45-Wr_6uSk9Nzt63Mms
```

图 8-17　返回 Token 值和原 Token 值不同

```
tokenRtn: null                                   index.js:63
user.token:
eyJ0eXAiOiJKV1QiLCJhbGciOiJIUzI1NiJ9.eyJ1c2Vybm
FtZSI6ImFkbWluIiwic3ViIjoiZGVzc2VydC1hcHAiLCJle
HAiOjE3MDgyNjk0OTEsImp0aSI6IjU0OTVjYzk1LWEzNTgt
NDVhYi04MTcxLTE5MjJjNzI4MmRjMCJ9.0RZBa7qHKo6-
F21T_QueobZER3r7L8un_k9DMnIghBg
```

图 8-18　返回 Token 值为 null

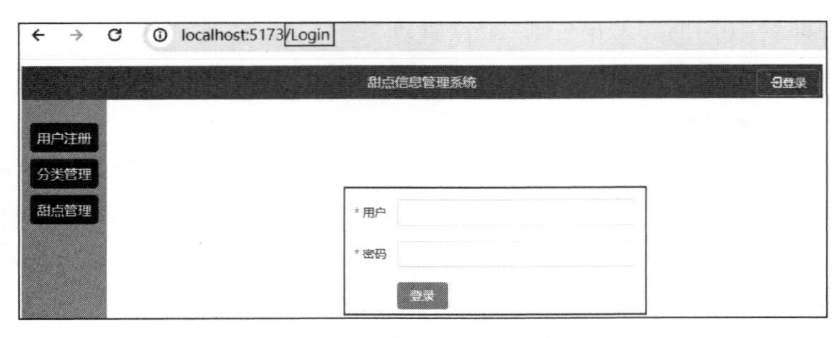

图 8-19　定向至登录组件

8.4 练习

1. 在原有案例项目基础上，实现如下 3 个功能：

(1) 新品上市。用于显示最新发布的 8 个甜点信息。

(2) 注册用户。实现注册用户功能；注册用户在登录系统后，只能浏览"新品上市"信息。

(3) 密码加密。分为注册时加密和登录时加密两个环节，具体如下所示。

① 优化注册用户功能，添加密码加密机制。

前端项目使用一种安全的加密算法，对用户输入的密码进行加密处理，然后将加密后的密码发送到后端服务器。后端项目在接收到加密密码后，应将其直接存储到用户表中，而不是以明文形式保存。

② 修改登录功能，添加密码加密。

在登录过程中，密码也将经过加密处理。为了保障数据的一致性，登录时所使用的密码加密算法必须与注册时所用的加密算法保持一致。这样可以确保在验证用户身份时，后端系统能够准确地比对加密后的密码。

2. 实现"员工管理系统"项目的安全访问功能

针对"员工管理系统"项目，运用 Token 验证机制，实现项目资源的安全访问。

(1) 登录生成 Token，具体代码参考 8.1 节的内容。

(2) 用 Token 实施安全访问，具体代码参考 8.2 节的内容。

(3) 完善登录框架，具体代码参考 8.3 节的内容。

第 9 章

项目打包与部署

本章将全面指导读者如何将开发成果迁移到生产运行环境中。在深入了解后端 Spring Boot 项目与前端 Vue 3 项目的打包流程和相关细节后，讲解前后端协同工作的部署过程，确保应用最终能够上线运行。

9.1 打包项目

项目打包流程涵盖 3 个核心环节：数据库的导出，实施前端 Vue 3 项目的打包，以及实现对后端 Spring Boot 项目的打包。

9.1.1 导出数据库

在前后端项目打包前，可以先将数据库导出，以便后期部署到运行环境中。在开发环境中，按照以下步骤进行操作。

打开 MySQL Workbench 软件，连接至 MySQL 服务。在操作界面的左下方单击 Administration 选项卡，单击左侧 Data Export 选项，选中待导出的数据库(如 desserts)，单击 Advanced Options 按钮，如图 9-1 所示。

在弹出的窗体中，选中 complete-insert 复选框(完整地将表中数据转为 SQL Insert 语句)，单击 Return 按钮，如图 9-2 所示。

返回至操作窗体后，输入数据库导出脚本的保存目录(如 C:\dumps\Dump20240621)，选中 Include Create Schema 选项(脚本包含创建数据库)，最后单击 Start Export 按钮执行数据库的导出操作，如图 9-3 所示。

在指定的数据库导出脚本目录(如 C:\dumps\Dump20240621)中，生成了一些 SQL 文件。这些文件包含创建数据库、创建数据表以及插入数据行的 SQL 语句，如图 9-4 所示。

9.1.2 打包前端 Vue 3 项目

实施前端 Vue 3 项目的打包工作，按照以下步骤进行操作。

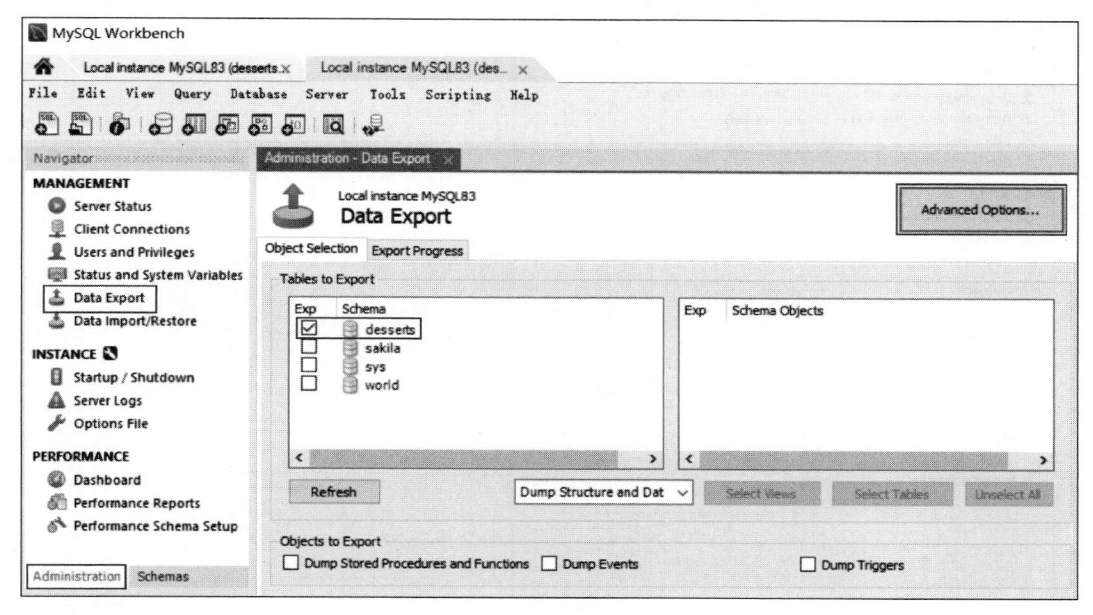

图 9-1　设置数据库导出

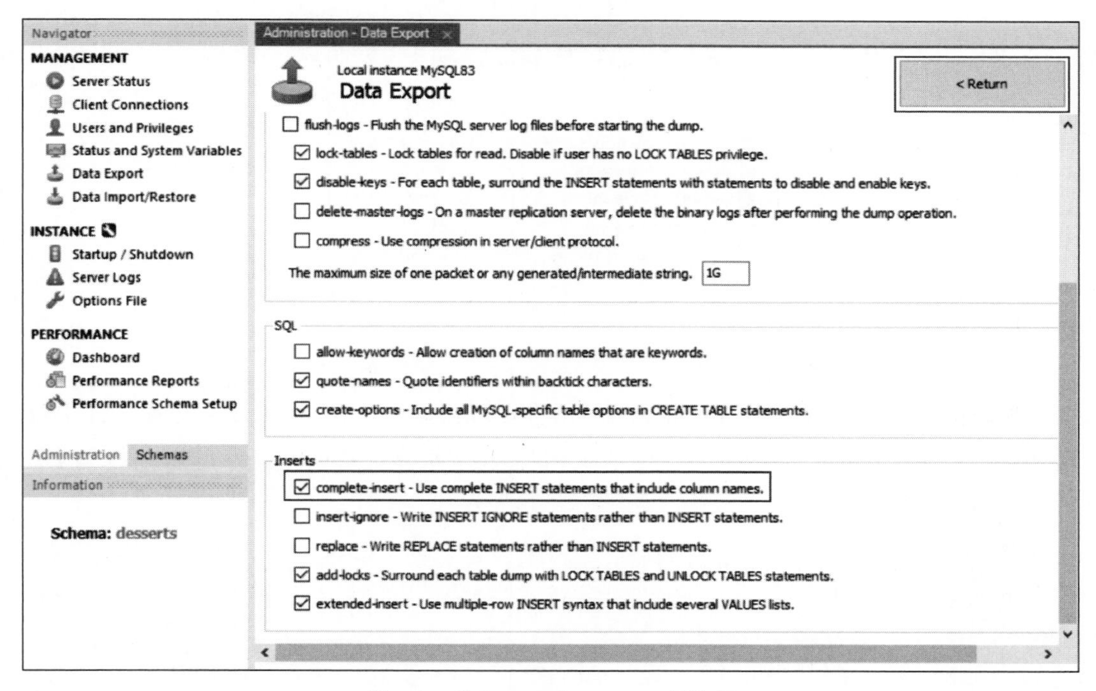

图 9-2　选中 complete-insert 复选框

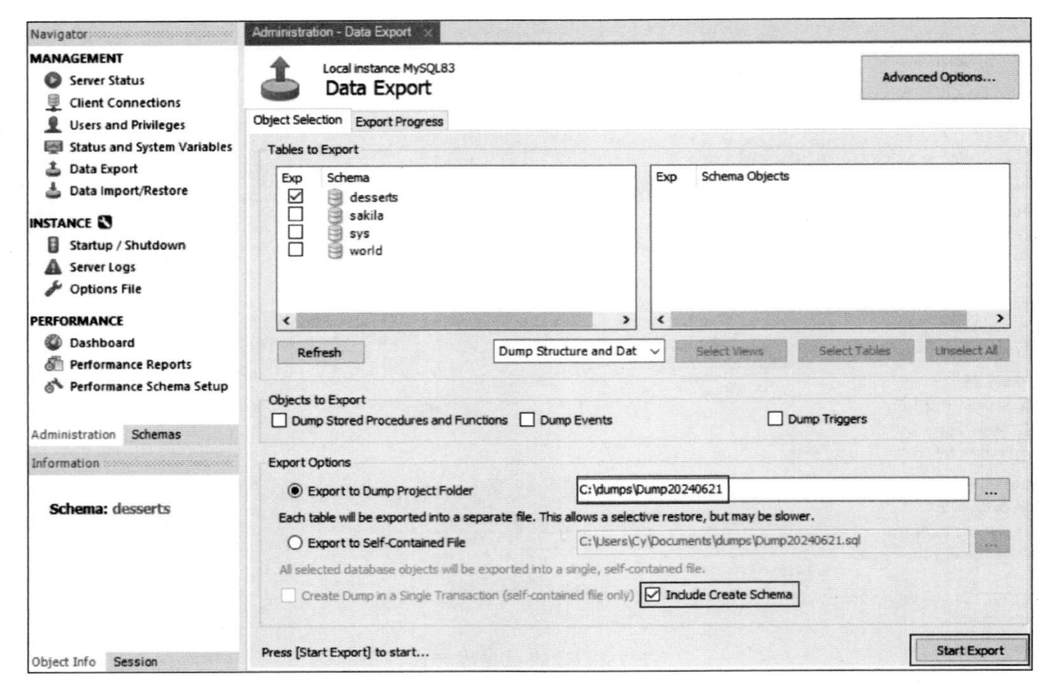

图 9-3 设置导出脚本的保存目录

› 本地磁盘 (C:) › dumps › Dump20240621

名称	修改日期
desserts_category.sql	2024/6/21 21:42
desserts_dessert.sql	2024/6/21 21:42
desserts_t_role.sql	2024/6/21 21:42
desserts_t_user.sql	2024/6/21 21:42
desserts_t_user_role.sql	2024/6/21 21:42

图 9-4 生成数据库导出脚本文件

1. 配置后端服务地址参数

为确保前端 Vue 3 应用与后端 API 的顺畅通信，需在 vite.config.js 配置文件中设置 process.env.BASE_API 的值，将其指向后端服务地址，如 http://192.168.1.12:8080。相应代码如下：

```
export default defineConfig({
 plugins: [vue()],
 define: {
  'process.env': {
   'BASE_API':"http://192.168.1.12:8080"
  }
 },
})
```

2. 打包项目

在 VSCode 开发环境中，通过打开项目的 package. json 文件，定位到"build"："vite build"代码块，右击选择 Run Script 选项，即可触发并执行项目打包命令 npm run build，如图 9-5 所示。

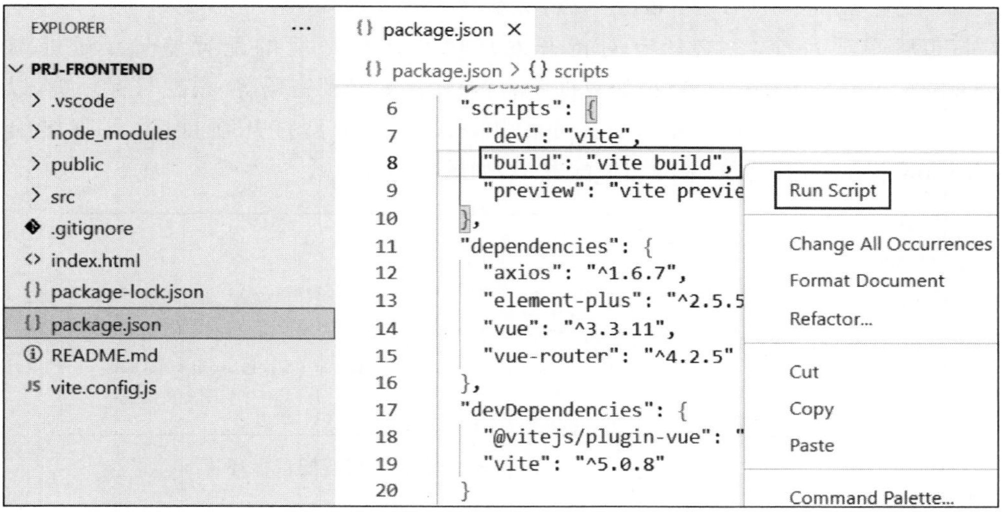

图 9-5　执行项目打包命令

项目中将生成 dist 目录，如图 9-6 所示。作为项目的打包结果，可将此 dist 目录部署至服务器上。

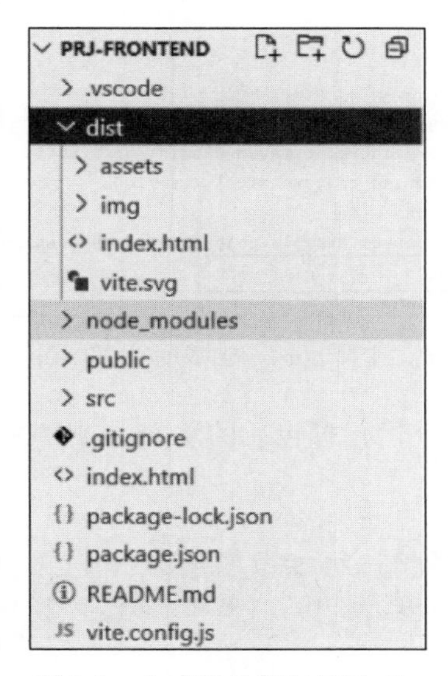

图 9-6　生成项目打包目录 dist

9.1.3 打包后端 Spring Boot 项目

实施后端 Spring Boot 项目的打包工作，按照以下步骤进行操作。

1. 配置参数

（1）配置 application. properties 文件参数。

打包后端项目前，务必认真对待开发环境与运行环境的配置差异。通过调整 application. properties 中的参数（如数据库名称、连接账号及密码等）适配目标环境，以确保项目能在目标环境中正确运行。使用 IDEA 开发工具打开项目后，可直接编辑 application. properties 文件中的相关配置项，如图 9-7 所示。

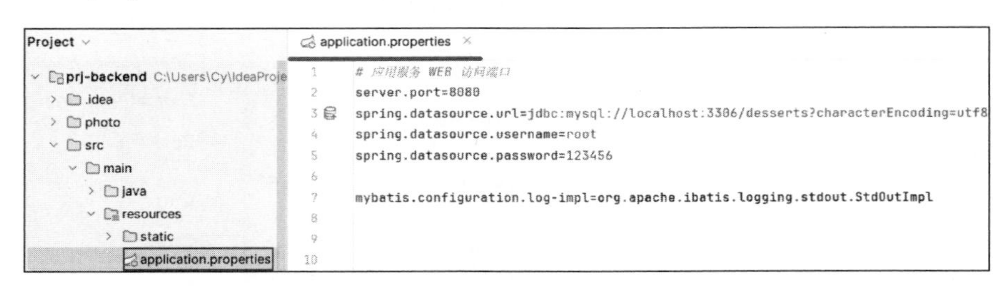

图 9-7 调整 application. properties 中的参数适配目标环境

（2）编辑 pom. xml 文件参数，注释 skip 节点。

编辑 pom. xml 文件，将 mainClass 节点下的 skip 节点值置为 false，或者直接将其注释掉，如图 9-8 所示。

```
<build>
    <plugins>
        <plugin...>
        <plugin>
            <groupId>org.springframework.boot</groupId>
            <artifactId>spring-boot-maven-plugin</artifactId>
            <version>${spring-boot.version}</version>
            <configuration>
                <mainClass>com.example.prjbackend.PrjBackendApplication</mainClass>
                <!-- <skip>true</skip> -->
            </configuration>
```

图 9-8 注释 pom. xml 文件中的 skip 节点

否则，在通过 java -jar 命令运行打包后的 Java 应用时，系统将因为无法找到入口点而报错，错误信息如下：

```
java - jar prj - backend - 0.0.1 - SNAPSHOT.jar
prj - backend - 0.0.1 - SNAPSHOT.jar 中没有主清单属性
```

2. 打包项目

接下来可以打包后端项目了，在 IDEA 界面的右侧栏单击 *m* 按钮，打开 Maven 操作面板。在面板中，依次单击 clean、compile 和 package 按钮，从而依次执行项目的清理、编译和打包操作。通过这个过程，在项目 target 目录中生成一个可部署的 JAR 文件，如图 9-9 所示。

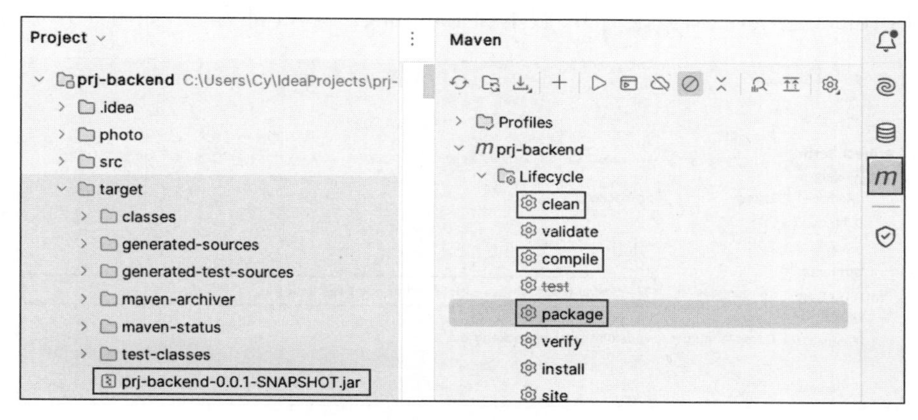

图 9-9　执行项目的清理、编译和打包操作

3. 异常情况处理

编译或打包过程中，可能会出现以下两种异常情况，应针对处理。

(1) Lombok 版本异常。

编译和打包过程中，若遇到类似以下的报错信息：

```
Unable to make field private com.sun.tools.javac.processing.JavacProcessingEnvironment
$DiscoveredProcessors com.sun.tools.javac.processing.JavacProcessingEnvironment.
discoveredProcs accessible: module jdk.compiler does not "opens com.sun.tools.javac.
processing" to unnamed module @3dfd7eaa
```

通常是 Lombok 版本存在问题，将其升级到最新版本就可解决。通过修改项目的 pom.xml 文件，并移除 Lombok 的显式版本号，可加载到最新版本的 Lombok，代码如下所示：

```
<dependency>
  <groupId>org.projectlombok</groupId>
  <artifactId>lombok</artifactId>
  <!-- <version>1.18.4</version> -->
</dependency>
```

(2) JDK 配置版本不一致。

编译和打包过程中，若遇到类似以下的报错信息：

```
无效的目标发行版:17
```

则可能项目中存在 JDK 版本不一致的情况，如项目实际使用的 JDK 版本与 Maven 配置中的 JDK 版本不符，为确保环境一致性，建议统一设置为 JDK 17 版本。处理步骤如下。

① 设置项目和模块的 JDK 版本和 Language Level 值。

单击 File 菜单项，选择 Project Structure 作为操作项。在弹出的配置窗体中，选择左侧栏的 Project 选项，然后修改 SDK 版本和 Language Level 都为 17，如图 9-10 所示。

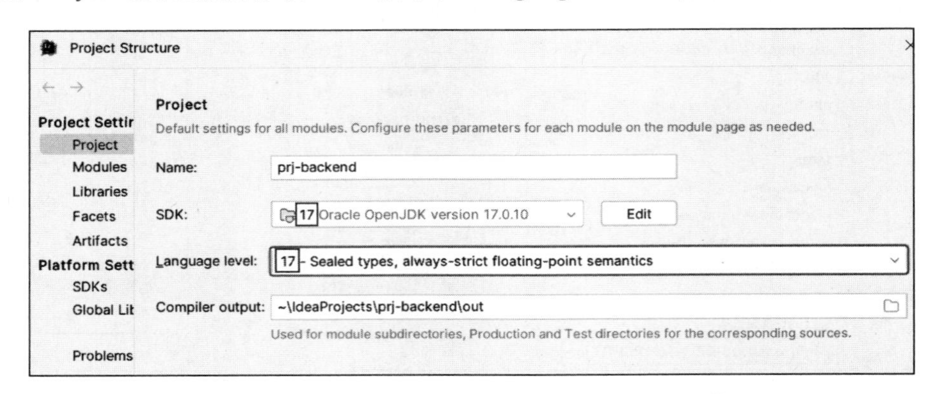

图 9-10 设置项目 JDK 版本和 Language Level 值

然后，在左侧栏中选择 Modules 选项，进一步设置模块的 Language level 值为 17，如图 9-11 所示。

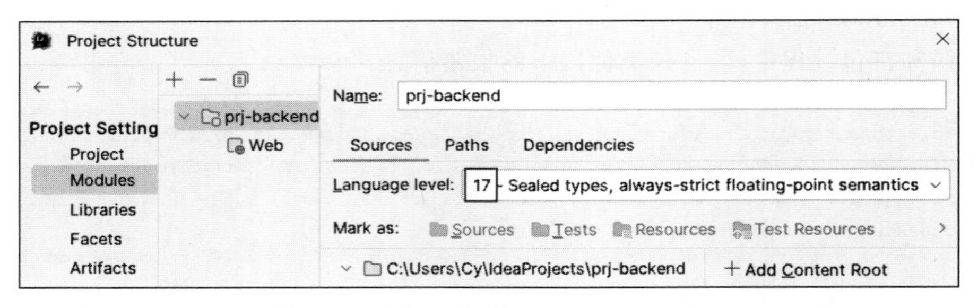

图 9-11 设置模块的 Language Level 值

② 为编译器设置 JDK 版本。

选择 File→Settings 选项，在左侧栏中找到 Java Compiler 选项，然后将项目的 Project bytecode version 和模块的 Target bytecode version 均设置为 17，以确保编译兼容性，如图 9-12 所示。

③ 为 Maven 的 Importing 和 Runner 设置 JDK 版本。

选择 File→Settings 选项，在弹出窗体的左侧栏中找到 Importing 选项，然后设置 JDK for importer 的版本值为 17，如图 9-13 所示。

然后，在弹出窗体的左侧栏中找到 Runner 选项，设置 JRE 的版本值为 17，如图 9-14 所示。

④ 配置 settings. xml 文件中的 JDK 值。

倘若已配置 Maven 的 settings. xml 文件，确保其中指定的 JDK 版本与项目需求相

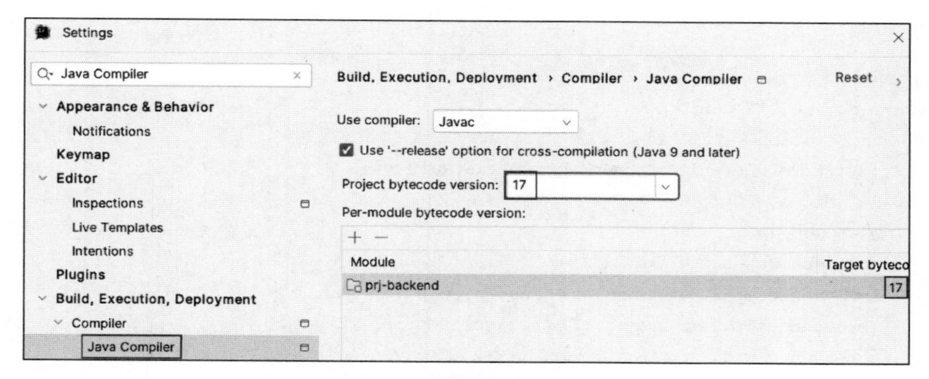

图 9-12 为编译器设置 JDK 版本

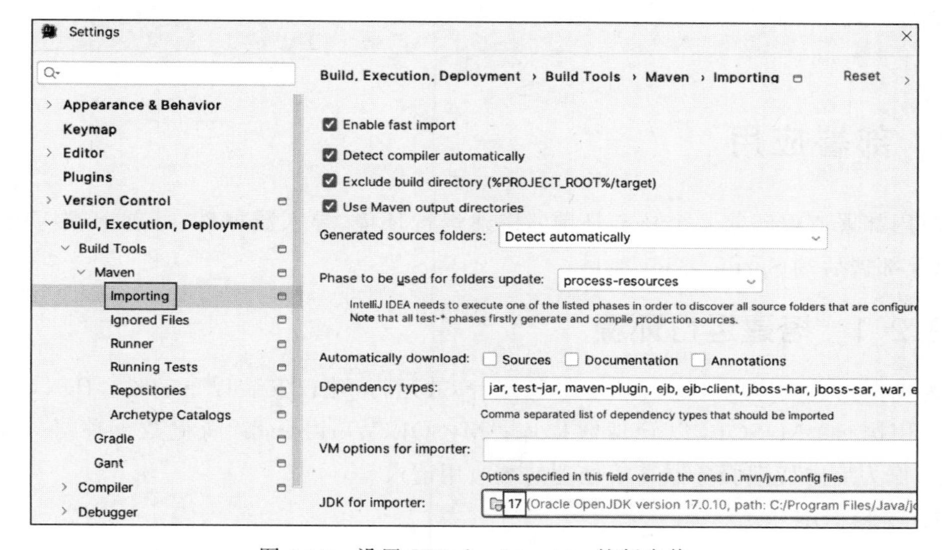

图 9-13 设置 JDK for Importer 的版本值

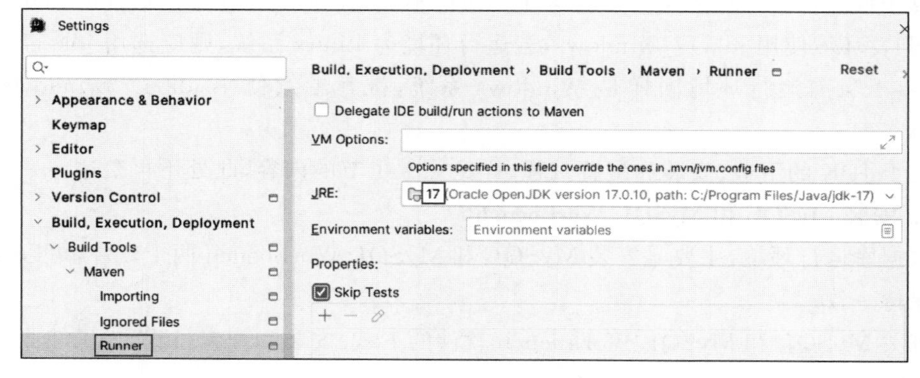

图 9-14 设置 Maven Runner 的 JRE 版本值

匹配，以保证构建环境的一致性，代码如下：

```
......
<profile>
    <id>jdk-17</id>
    <activation>
      <activeByDefault>true</activeByDefault>
      <jdk>17</jdk>
    </activation>
    <properties>
      <maven.compiler.source>17</maven.compiler.source>
      <maven.compiler.target>17</maven.compiler.target>
      <maven.compiler.compilerVersion>17</maven.compiler.compilerVersion>
    </properties>
 </profile>
......
```

9.2 部署应用

应用部署流程涵盖4个核心环节：搭建运行环境、导入数据库、部署前端Vue 3项目，以及部署后端Spring Boot项目。

9.2.1 搭建运行环境

为确保前后端应用在运行环境中稳定、高效运行，建议安装以下软件：JDK，以支持后端应用执行；MySQL，以管理数据库；MySQL Workbench，简化数据库导入流程；Nginx，作为反向代理服务器高效处理前端应用请求。

1. 安装JDK

为确保后端Spring Boot应用的稳定运行，运行环境的JDK版本应与开发环境保持一致或兼容。若运行环境操作系统与开发环境不同，需选择对应操作系统的JDK版本。例如，开发环境使用jdk-17_windows，若运行环境为Linux系统，则应选用jdk-17_linux-x64。鉴于当前运行环境同样是Windows系统，推荐继续使用jdk-17_windows版本的JDK。

关于JDK的下载、安装和配置过程，详见2.2.1节的内容，此处不再赘述。

2. 安装MySQL和MySQL Workbench

数据库运行环境，主要是安装MySQL和MySQL Workbench两个软件，可以和开发环境保持一致。

有关MySQL和MySQL Workbench软件的下载、安装和配置过程，详见2.2.3节的内容，此处不再赘述。

3. 安装Nginx

Nginx是一个性能强大的反向代理组件。用户只要把请求发到反向代理服务器上，反向代理服务器就能根据配置，把请求定位到对应的服务器上。通常将前端 Vue 3 项目和 Nginx 进行集成。

可以到 Nginx 官网下载页获取 Nginx 软件，此处下载的是基于 Windows 的 1.27.0 版本，如图 9-15 所示。

CHANGES	nginx-1.27.0 pgp	nginx/Windows-1.27.0 pgp
CHANGES-1.26	nginx-1.26.1 pgp	nginx/Windows-1.26.1 pgp
CHANGES-1.24	nginx-1.24.0 pgp	nginx/Windows-1.24.0 pgp
CHANGES-1.22	nginx-1.22.1 pgp	nginx/Windows-1.22.1 pgp
CHANGES-1.20	nginx-1.20.2 pgp	nginx/Windows-1.20.2 pgp
CHANGES-1.18	nginx-1.18.0 pgp	nginx/Windows-1.18.0 pgp

图 9-15　官网下载 Nginx 软件

解压下载的文件后，可看到 Nginx 软件的目录结构，如图 9-16 所示。

新加卷 (D:) › deploy › nginx-1.27.0

名称	修改日期	类型	大小
conf	2024/6/21 8:09	文件夹	
contrib	2024/6/21 8:09	文件夹	
docs	2024/6/21 8:09	文件夹	
html	2024/6/21 8:09	文件夹	
logs	2024/5/29 23:54	文件夹	
temp	2024/5/29 23:54	文件夹	
nginx.exe	2024/5/29 23:53	应用程序	4,606 KB

图 9-16　Nginx 软件目录结构

双击 nginx.exe 文件可启动 Nginx 进程。该进程可通过任务管理器进行终止。另外，通过命令行界面，使用 start nginx 命令可启动 Nginx 服务；执行 nginx -s stop 命令可停止 Nginx 服务；使用 nginx -s reload 命令则可在不中断服务的情况下重新加载 Nginx 配置，实现服务的平滑重启。

9.2.2　导入数据库

将数据库导出脚本的目录（如 Dump20240621）完整复制到运行环境的对应目录（如 D:\deploy\）中。

然后，打开运行环境中的 MySQL Workbench 软件，将其连接至 MySQL 服务。

在 MySQL Workbench 操作界面中，单击左下方的 Administration 选项卡，单击左侧栏中的 Data Import/Restore 选项，填写数据库导入脚本目录（如 D:\deploy\

Dump20240621),单击 Start Import 按钮进行数据库导入操作,如图 9-17 所示。

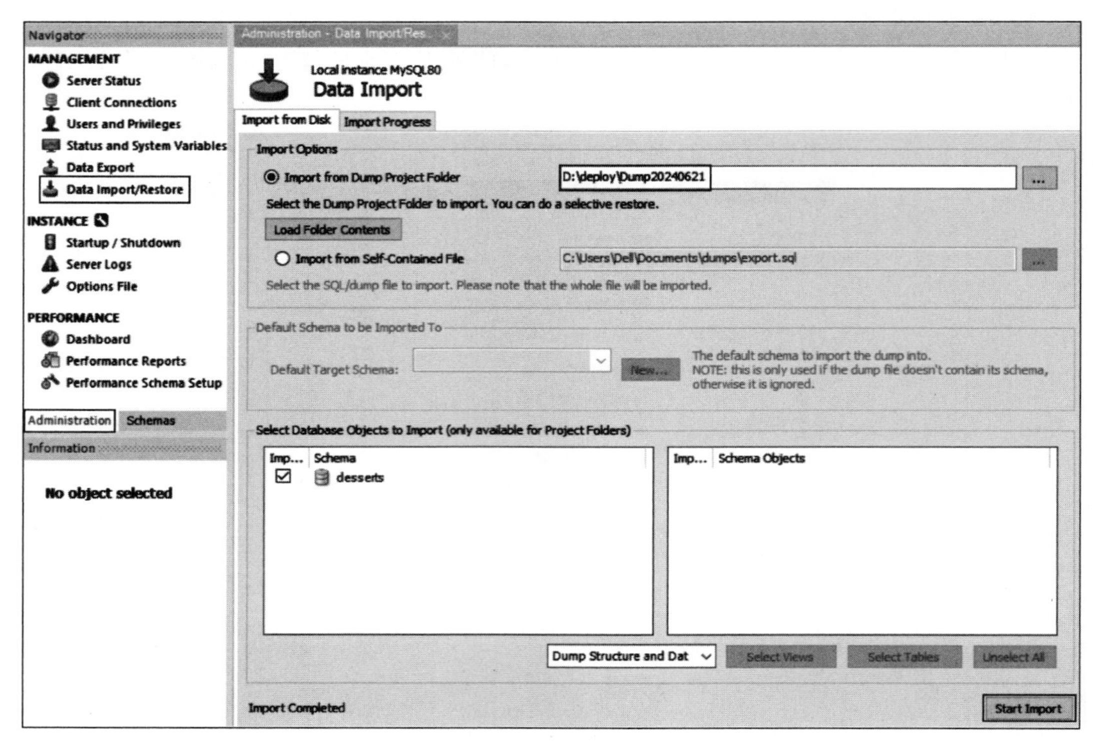

图 9-17 进行数据库导入操作

接着,单击左下方的 Schemas 选项卡,右击空白处,在快捷菜单中选择 Refresh All 选项后,可观察到数据库导入成功:数据库、数据表都已创建,相应行数据也已添加,如图 9-18 所示。

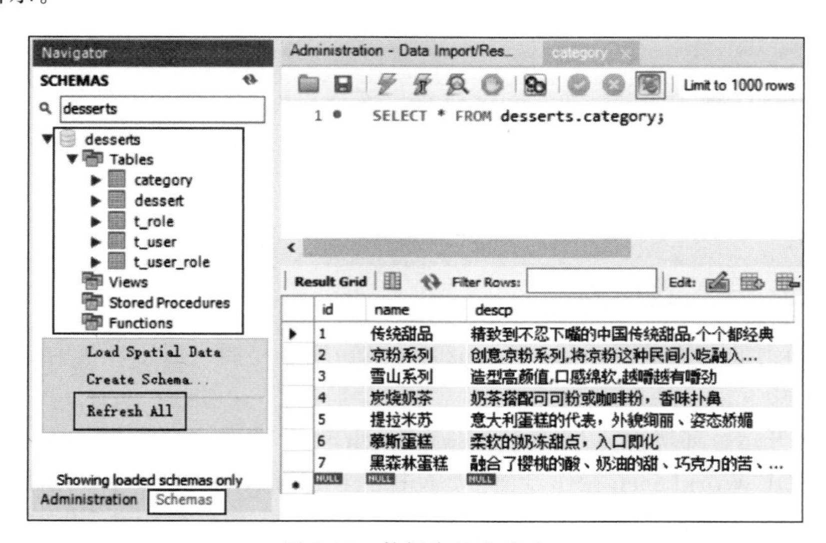

图 9-18 数据库导入成功

9.2.3 部署前端项目

1. 部署前端打包资源

前端资源可部署在 Nginx 的 html 目录中。为此,将前端打包目录 dist 整体复制到 html 目录中,如图 9-19 所示。

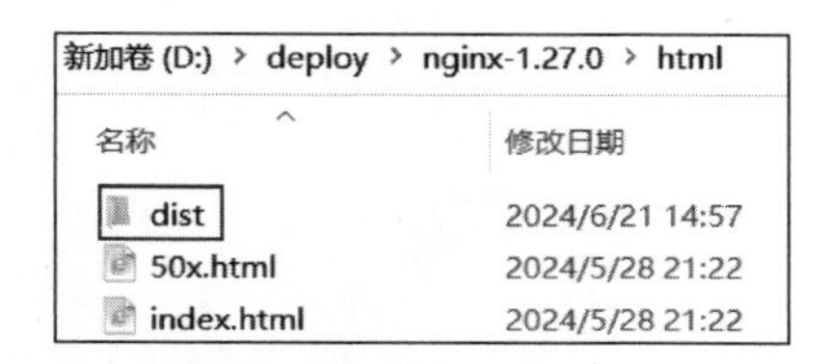

图 9-19 部署前端打包资源到 Nginx 的 html 目录中

2. 配置 HTTP 请求的访问路径

在 Nginx 软件的 conf/nginx.conf 文件中已经包含了默认的配置。通常对 server 节点做简单配置即可满足访问需求,代码如下:

```
1. http {
2.    …
3.    server {
4.      listen        80;
5.      server_name  localhost;
6.      …
7.      location / {
8.        root    html/dist;
9.        index   index.html;
10.     }
11. …
12. }
```

其中代码的第 4 行,设置侦听端口号。其默认值为 80,通常保留不做修改。

第 5 行,设置服务器名称。这里使用 localhost(代表本机),实际部署到 Internet 上时,可设置为真实的服务器名称。

第 7~10 行,访问根路径("/")时,将从 root 指定目录中寻找 index 指定文件来响应。这里,root 指定目录为 html/dist,正是 Vue 3 前端项目部署目录;index 指定文件为 index.html,正是 Vue 3 前端项目的默认入口文件 index.html。

总体来说,上述 server 节点配置的主要功能是:当 Nginx 接收到针对本机 80 端口的 HTTP 请求时,它将尝试从 html/dist 目录中加载 index.html 文件作为响应,实现在用户浏览器中单一页面的加载和渲染。

可先测试前端部署是否正确:选择网络中的另一台计算机,并通过浏览器访问 http://192.168.1.11(192.168.1.11 是部署计算机的 IP 地址)。如预期所示,浏览器成功返回了前端项目的界面,说明前端部署是正确有效的,如图 9-20 所示。

图 9-20 测试结果说明前端部署正确有效

若前端项目无法成功返回页面(见图 9-21),但 ping 命令却能连接到该 IP 地址,则可能是部署项目的计算机未设置相应防火墙入站规则所致。

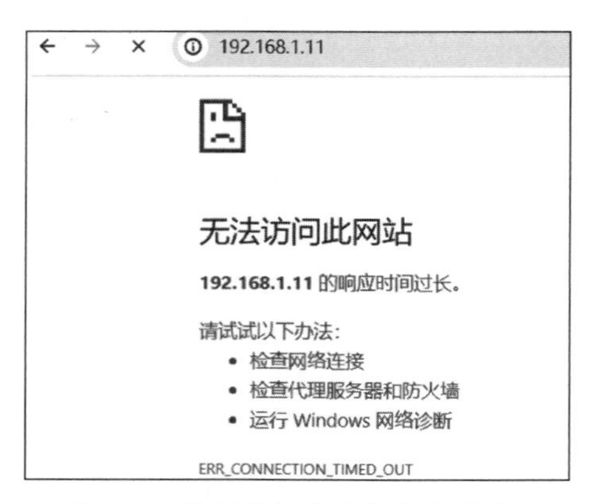

图 9-21 前端项目无法成功返回页面

3. 设置防火墙入站规则

在部署项目的计算机上,建立新的防火墙规则,明确指定端口 80 为允许连接状态,具体操作如下所示。

打开防火墙，单击面板左侧的“高级设置”链接，如图 9-22 所示。

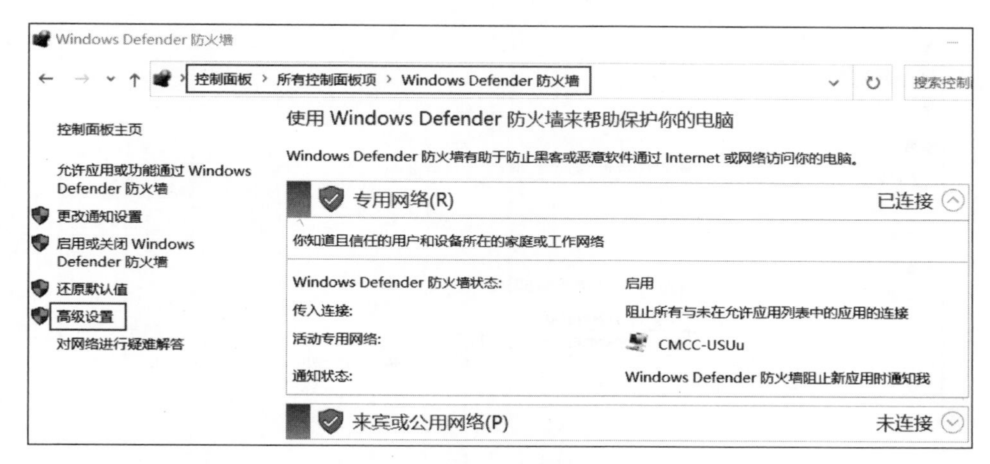

图 9-22　为防火墙进行高级设置

在弹出窗体中，单击左侧栏的“入站规则”选项，单击右侧“新建规则”操作项，在弹出的规则类型窗体中选择“端口”选项，单击“下一步”按钮继续，如图 9-23 所示。

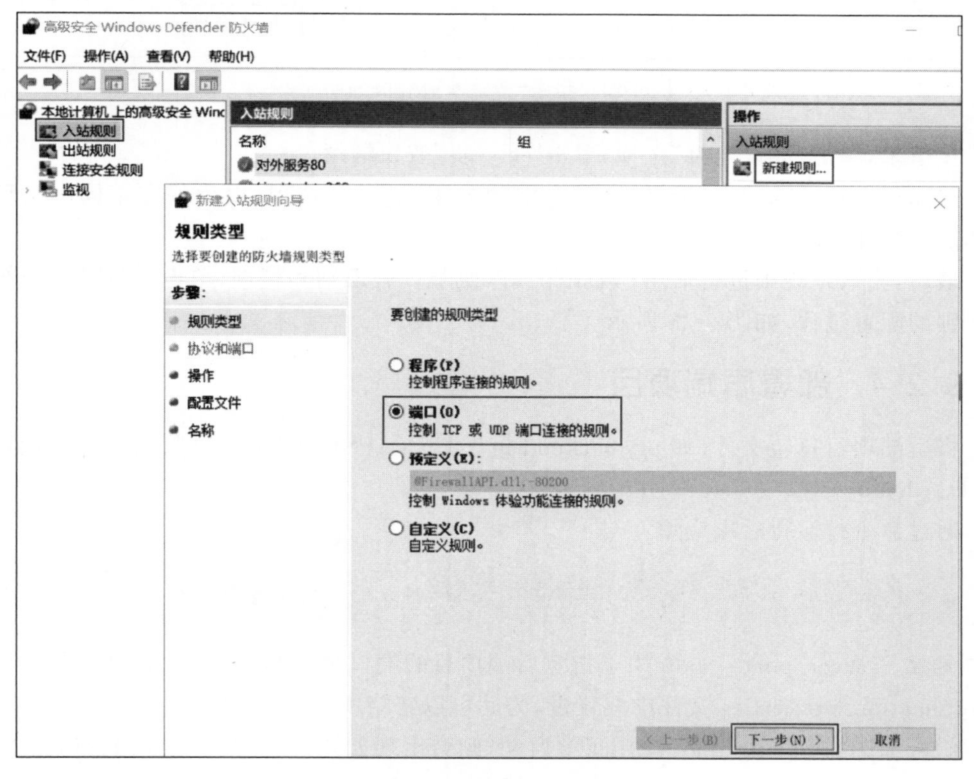

图 9-23　新建端口入站规则

选择“特定本地端口”选项，填写允许通过的端口号 80，单击“下一步”按钮继续，如图 9-24 所示。

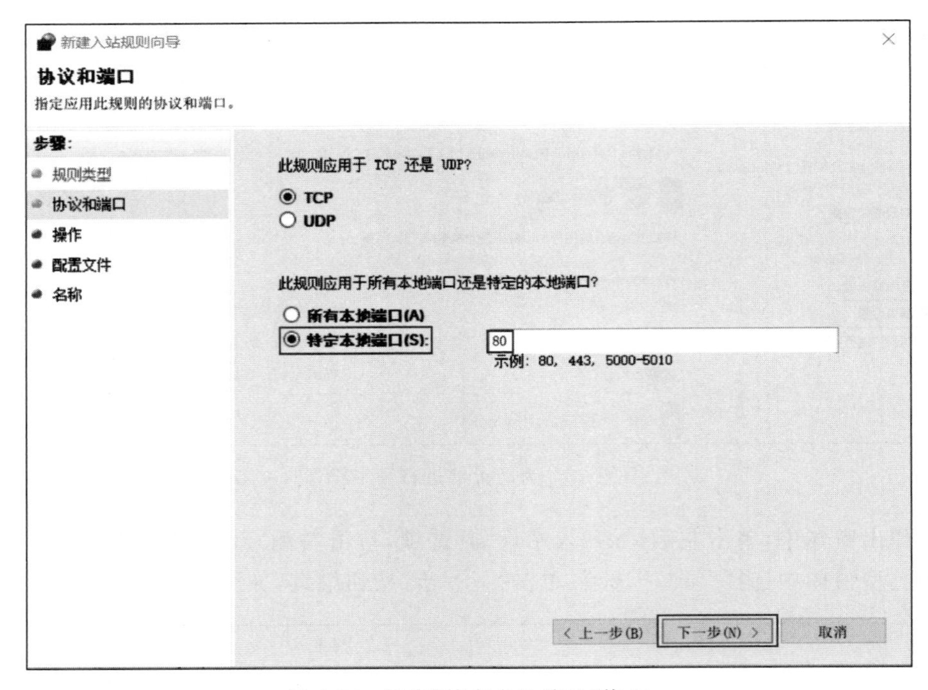

图 9-24　指定“特定本地端口”值 80

接下来，单击“允许连接”选项，单击“下一步”按钮继续。

在随后出现的选项中，选择“域”“专用”“公用”这 3 个选项，以确保在不同网络环境中都能应用此入站规则。

最后，为入站规则进行命名(如 http)，以便于日后识别和管理，单击“完成”按钮结束此规则的配置过程，如图 9-25 所示。

9.2.4 部署后端项目

将后端项目打包文件(如 prj-backend-0.0.1-SNAPSHOT.jar)复制到运行环境目录(如 D:\deploy)中。

通过命令行运行后端应用：

```
java -jar prj-backend-0.0.1-SNAPSHOT.jar --server.port=8080
```

其中参数--server.port=8080 用于指定后端项目的端口号为 8080。然而，该参数已事先在 application.properties 文件中配置过，为此可以忽略不写。

倘若部署的 Spring Boot 应用正常启动，则会出现如图 9-26 所示的控制台信息。

需注意的是，在后端应用中，上传图片文件的存储路径被设定为相对目录

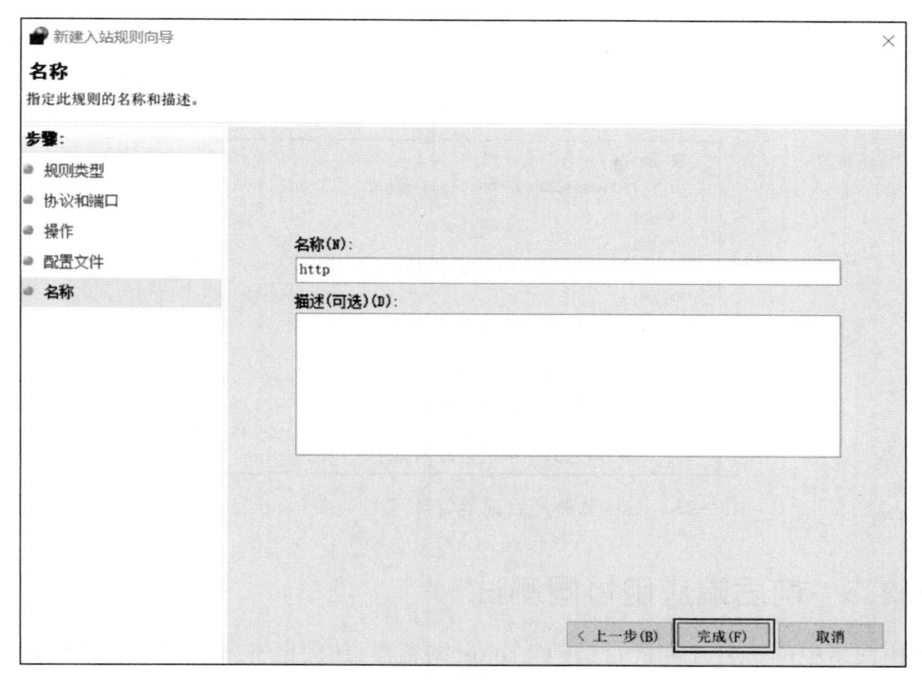

图 9-25　为入站规则命名并完成配置

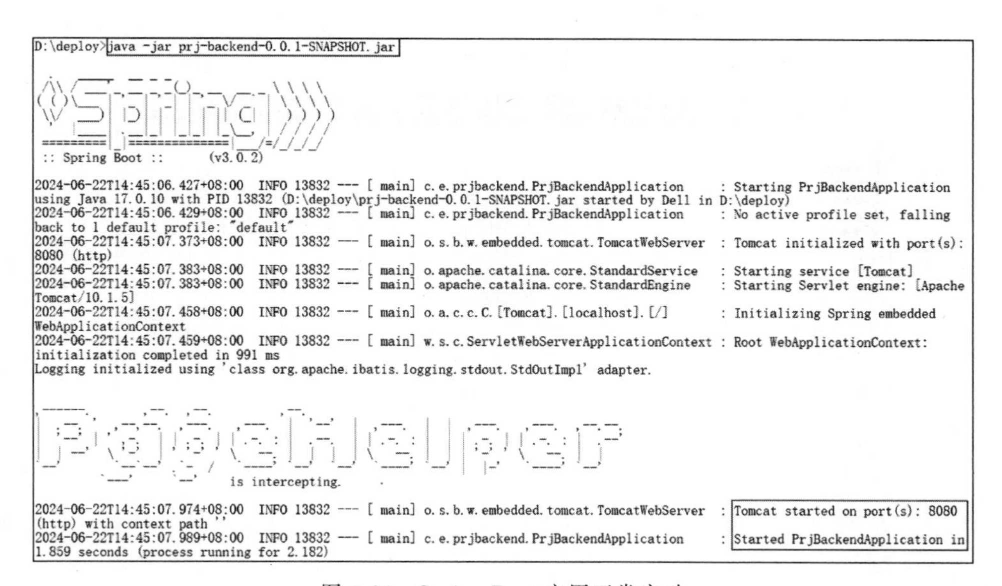

图 9-26　Spring Boot 应用正常启动

“../photo”。当应用程序被部署时，若打包文件（如 prj-backend-0.0.1-SNAPSHOT.jar）被放置在 D:\deploy 目录中，则图片文件实际存储的目录将解析为 D:\photo。因此，为确保图片文件能在应用程序中正确上传和显示，需将开发环境中的 photo 目录下的图片文件复制到运行环境的 D:\photo 目录中，如图 9-27 所示。

新加卷 (D:) › photo

名称	日期
001.jpg	2015/4/29 16:29
1b2179bd4ecd423aafc9e0ad648334ef.jpg	2015/4/29 15:11
002.jpg	2015/4/29 15:11
003.jpg	2015/4/29 15:11
3ecae3c0e4414baca71923d4387d2bb8.jpg	2015/4/29 15:11
004.jpg	2015/4/29 15:09
4c2cc5c15fb846d59430f31001c6e8fc.jpg	2015/4/29 16:29
7f0e0f59d501481189b75e6cb8c70ce8.jpg	2015/4/29 15:09
9b7de0f69f0c4e609451310b1bf0b659.jpg	2015/4/29 15:09
9c5d2ddabe95443cb59ff44ad9d6e620.jpg	2015/4/29 15:09
44cd6dc9b6c943a6be923e12c2621393.jpg	2015/4/29 15:11
060ece8b16e246c9a04f9f6cf00f73f1.png	2024/2/15 15:04

图 9-27　图片文件复制到运行环境的 D:\photo 目录中

9.2.5　前后端应用协同测试

使用网络中的一台计算机，打开 Chrome 浏览器，访问已部署的前端项目(如 http://192.168.1.11)，单击右上角的“登录”按钮，输入正确的用户名和密码(如 admin、12345)，单击“登录”按钮，如图 9-28 所示。

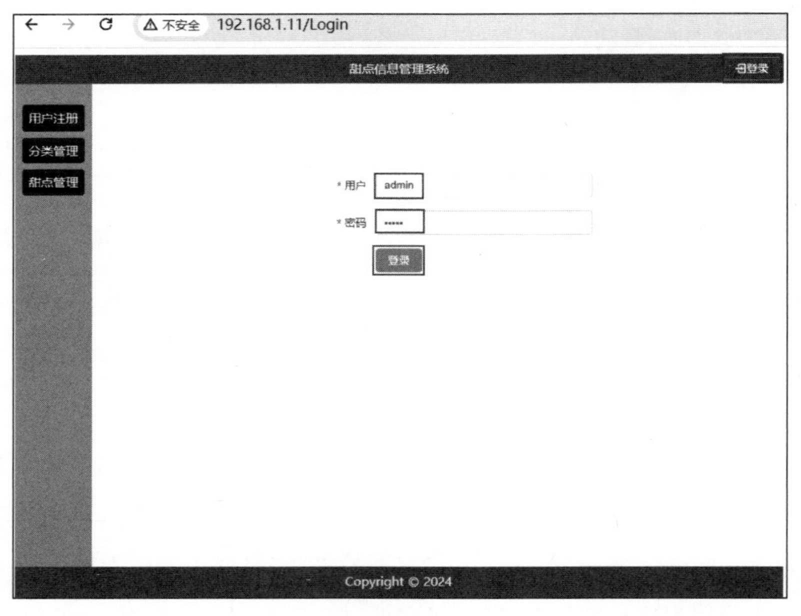

图 9-28　登录访问部署的前端项目

登录成功，页面将自动导航至根组件，右上角将显示欢迎信息“欢迎 admin”，如图 9-29

所示。

图 9-29　登录成功显示欢迎信息

此时，检查后端 Spring Boot 应用的控制台输出，可以观察到与登录相关的 SQL 查询语句已正确执行，如图 9-30 所示。

```
Creating a new SqlSession
SqlSession [org.apache.ibatis.session.defaults.DefaultSqlSession@4bcbc838] was not registered for
synchronization because synchronization is not active
JDBC Connection [HikariProxyConnection@200043568 wrapping com.mysql.cj.jdbc.ConnectionImpl@14859ca1]
will not be managed by Spring
==>  Preparing: select id,username,password,active from t_user where active=1 and username=?
==> Parameters: admin(String)
<==    Columns: id, username, password, active
<==        Row: 1, admin, 12345, 1
<==      Total: 1
Closing non transactional SqlSession [org.apache.ibatis.session.defaults.DefaultSqlSession@3c2eba48]
```

图 9-30　后端 Spring Boot 应用同时执行登录相关 SQL

以上说明前后端应用部署已成功，且在协同工作了。

测试甜点管理功能，观察图片上传显示是否正常，操作步骤如下所示。

单击左侧栏“甜点管理”按钮，发现列表中甜点图片能正常显示，如图 9-31 所示。

单击“新增”按钮，在新增组件界面中，输入新甜点信息，如图 9-32 所示。

回到甜点列表后，翻到尾页，可发现新增功能有效，上传图片也能成功显示，如图 9-33 所示。

经过对系统其他各项功能的测试，所有操作均表现正常。此时可以确认，前后端应用已成功部署并具备正常运行的能力。

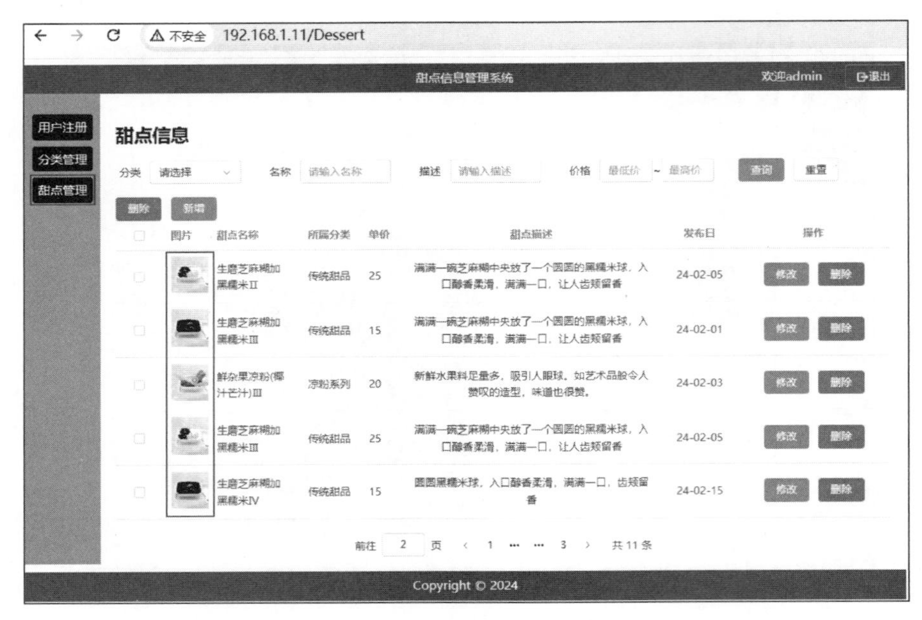

图 9-31 列表中甜点图片正常显示

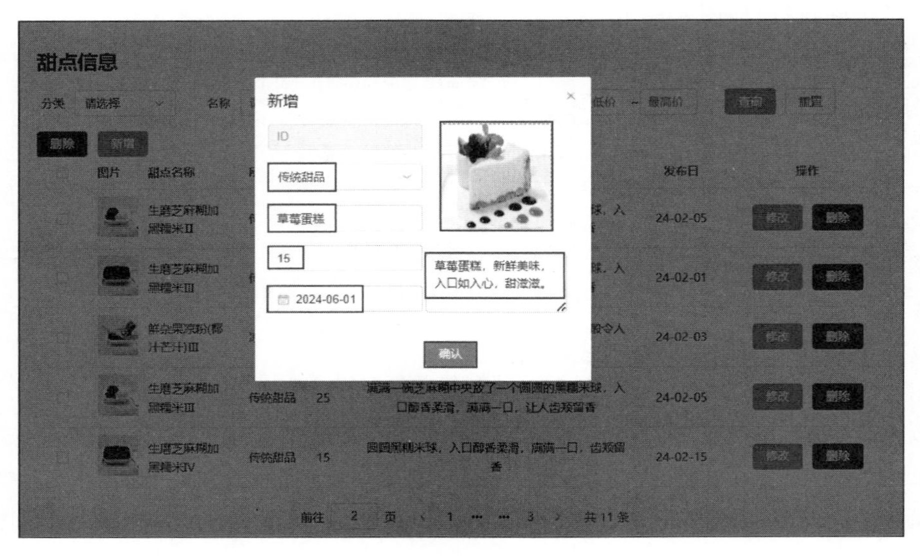

图 9-32 输入新甜点信息

图 9-33 甜点列表尾页显示新增甜点信息

9.3 练习

完成第 8 章前后端分离的“员工管理系统”项目开发后，随即进入打包部署阶段。部署流程包含多个必要步骤，如数据库导出、前后端项目打包、运行环境搭建、数据库导入、前端项目部署以及后端服务部署等。

(1) 数据库导出。

执行“员工管理系统”数据库导出操作，具体流程可参考 9.1.1 节的内容。

(2) 前后端项目打包。

分别完成“员工管理系统”前端 Vue 3 项目与后端 Spring Boot 项目的打包工作，具体步骤可参考 9.1.2 节和 9.1.3 节的内容。

(3) 运行环境搭建。

构建系统运行所需环境，包括 JDK、MySQL、MySQL Workbench、Nginx 等软件的安装与配置，搭建细节参见 9.2.1 节的内容。

(4) 数据库导入。

执行“员工管理系统”数据库导入操作，具体流程可参考 9.2.2 节的内容。

(5) 前端项目部署。

将“员工管理系统”前端 Vue 3 项目部署至 Nginx 服务器上，具体过程可参考 9.2.3 节的内容。

（6）后端项目部署。

实现“员工管理系统”后端 Spring Boot 项目的部署，需特别注意上传图片文件存储路径的设置，具体过程可参考 9.2.4 节的内容。

（7）项目测试。

进行前后端应用的协同测试，确保前端界面与后端服务之间的无缝集成和正常运行，具体过程可参考 9.2.5 节的内容。

参考文献

[1] 曹宇，鲁明旭，孙凯. Spring Boot 实用入门与案例实践[M]. 北京：清华大学出版社，2024.

[2] 曹宇，唐一峰，胡书敏. Spring Boot＋Vue. js 企业级管理系统实践[M]. 北京：清华大学出版社，2024.

[3] 明日科技. 从零开始学 Spring Boot[M]. 北京：化学工业出版社，2022.

[4] 曹宇，王宇翔，胡书敏. Spring Cloud Alibaba 与 Kunbernetes 微服务容器化实践[M]. 北京：清华大学出版社，2022.

[5] 曹宇，胡书敏. Spring Boot＋Vue＋分布式组件全栈开发训练营[M]，北京：清华大学出版社，2021.

[6] 章为忠. Spring Boot 从入门到实践[M]. 北京：机械工业出版社，2021.

[7] 莫海. Spring Boot 整合开发实践[M]. 北京：机械工业出版社，2021.

[8] 吴胜. Spring Boot 开发实践[M]. 北京：清华大学出版社，2019.

[9] 徐丽健. Spring Boot＋Spring Cloud＋Vue＋Element 项目实践[M]. 北京：清华大学出版社，2019.

图书资源支持

感谢您一直以来对清华版图书的支持和爱护。为了配合本书的使用，本书提供配套的资源，有需求的读者请扫描下方的“书圈”微信公众号二维码，在图书专区下载，也可以拨打电话或发送电子邮件咨询。

如果您在使用本书的过程中遇到了什么问题，或者有相关图书出版计划，也请您发邮件告诉我们，以便我们更好地为您服务。

我们的联系方式：

清华大学出版社计算机与信息分社网站：https://www.shuimushuhui.com/

地　　址：北京市海淀区双清路学研大厦 A 座 714

邮　　编：100084

电　　话：010-83470236　010-83470237

客服邮箱：2301891038@qq.com

QQ：2301891038（请写明您的单位和姓名）

资源下载：关注公众号“书圈”下载配套资源。

资源下载、样书申请

书圈

图书案例

清华计算机学堂

观看课程直播